U0344175

身边的二十四节气

刘从康 著

春分
谷雨　雨水
清明　惊蛰
立夏　立春
小满　大寒
芒种　小寒
夏至　冬至
小暑　大雪
大暑　小雪
立秋　立冬
处暑　寒露
白露　霜降
秋分

版 武汉出版社

（鄂）新登字08号

图书在版编目（CIP）数据

身边的二十四节气 / 刘从康著. — 武汉：武汉出版社，
2020.5（2024.1重印）

ISBN 978-7-5582-3615-0

Ⅰ.①身… Ⅱ.①刘… Ⅲ.①二十四节气—普及读物
Ⅳ.①P462—49

中国版本图书馆CIP数据核字（2020）第 066424 号

著　　者：刘从康
责任编辑：徐娅敏
封面设计：黄　彦　权梦格
出　　版：武汉出版社
社　　址：武汉市江岸区兴业路136号　　　邮　　编：430014
电　　话：(027) 85606403　　85600625
http://www.whcbs.com　　E-mail: whcbszbs@163.com
印　　刷：湖北新华印务有限公司　　　经　　销：新华书店
开　　本：787 mm×1092 mm　　1/32
印　　张：4.5　　字　　数：90千字
版　　次：2020年5月第1版　　2024年1月第2次印刷
定　　价：48.00元

版权所有·翻印必究

如有质量问题，由本社负责调换。

《江城科普读库》编委会

主　任

陈光勇　朱向梅

副主任

郑　华　邹德清　梁　杰

编　委

彭竹春　吴宇明　陈华华

胡子君　彭海静　李杏华

刘从康

多媒体支持

武汉出版社数字出版中心

CONTENTS 目录

水芹

立春

芹／芽／初／绽／立／春／盘

冬去春来，又是一年。

二十四节气是我国传统历法重要的组成部分。其中立春作为春季之始，总在每年的公历 2 月 3 日至 2 月 4 日之间。而传统历法的"春节"（正月初一），丁酉年（2017 年）为公历 1 月 28 日；戊戌年（2018 年）为 2 月 16 日；己亥年（2019 年）

最为接近，是 2 月 5 日；庚子年（2020 年）为 1 月 25 日。春节为何与立春不同时？"新的一年"又该从其中哪一天开始呢？

　　人类历法的制定，依据的是自然界中的周期节律。地球绕太阳运动带来的四季变化、月球绕地球运动同时随地球绕日运动形成的月相盈亏，是自然界里最为显著的周期节律。以地球绕日运动周期为基准的历法，称为"太阳历"，即阳历；以月相周期为基准制定的历法，称为"太阴历"，即阴历。现在全球绝大部分国家使用的"公历"，一年分为 12 个月，每个月的起止并不与月相周期相符，是一种"阳历"。我国传统的"农历"，每月十五日前后满月，则是一种"阴阳合历"。

　　不过，传统历法中的二十四节气，却是将太阳视运动轨道二十四等分而确定的，是一种地地道道的"阳历"。所以，立春通常不与春节同时，反而在同为"阳历"的公历中，日期较为固定。

　　新的一年，自然应该始于这年的"1 月 1 日"，只不过在传统历法中，"春节"常常还在冬季。而春季，始于"立春"。

　　古人说立春三候，一候东风解冻，二候蛰虫始振，三候鱼陟负冰。与黄河中下游流域不同，武汉属于亚热带季风气候。立春时节，北方河塘多仍冰封，江城武汉却已是梅花盛开、百花将至。不过，若要寻江南最为鲜香生动的春之风味，却首在唇齿之间。

岁 晚

[宋]陆游

小坞梅开十二三， 曲塘冰绽水如蓝。

儿童斗采春盘料， 蓼茁芹芽欲满篮[1]。

晋周处《风土记》曰："元日造五辛盘。"至唐宋，则在立春节气以春饼、生菜装盘而食，又称"春盘"。陆游《岁晚》诗中，小坞梅开、曲塘冰绽，蓼茁芹芽备春盘，描摹的正是这一风俗。

春盘之中，多为时令野蔬。最为常见者，即《吕氏春秋》中盛赞的"云梦之芹"——水芹。武汉三镇的江边池畔，水芹此时正嫩芽初探，碧绿鲜嫩。

水芹（*Oenanthe javanica*）是伞形科水芹属的多年生草本植物，每年春季萌芽，初夏开花。我国分布的伞形科植物均为草本，叶多为多回分裂的羽状复叶；花小，形成伞形或复伞形花序，生于茎顶及叶腋。我们在野外见到具有这些特征的植物时，基本上就可确定为伞形科。伞形科植物常有独特的气味，蔬菜中的胡萝卜、香菜，香料中的茴香、孜然、莳萝，传统药材中的当归、白芷、防风、柴胡等，均属于伞形科。

---

[1] 芹：文中之"芹"，皆为伞形科、水芹属植物"水芹"。武汉春日，菜市场仍常有水芹出售。今日常见的蔬菜"西芹""土芹"则为伞形科、芹属植物"旱芹"的不同品种。旱芹原产欧洲地中海地区，传入中国不会早于唐代。

许多伞形科植物具有十分相似的茎、叶形态。如伞形科毒芹属植物毒芹，其形态与水芹颇为相似，非花期更是难以区分。毒芹有毒，误食十分危险。

芹在中国，是一道食用历史久远的野蔬。《诗·小雅》中有《采菽》篇，曰："觱沸槛泉[2]，言采其芹。君子来朝，言观其旂[3]。"《采菽》篇所描写的，是诸侯朝见天子的景象，此时，野芹就是餐桌上的美味。

《离骚》以香草恶木喻君子小人，其后文人辞赋，写景无不寄情，状物皆为言志。芹，在传统文化中，也有其独特的人格象征。

嵇康、阮籍、山涛、向秀、刘伶、王戎、阮咸七人，皆为魏晋时隐逸山林的名士，并称"竹林七贤"。后山涛出仕，为司马氏所用。嵇康在山涛向司马氏举荐自己时，写下了著名的《与山巨源绝交书》。在这篇文章的末尾，有这样一段话："野人有快炙背而美芹子者，欲献之至尊，虽有区区之意，亦已疏矣。愿足下勿似之。"这段话中"炙背美芹"的典故出自《列子·杨朱》篇，讲宋国有个农夫，只有破衣烂衫蔽体御寒，不知天下还有大厦暖室，丝衣皮裘。至春日，暖阳晒背，自觉幸福无比，便对他的妻子说："我去告诉国君晒太阳的温暖

---

[2] 觱（bì）沸：泉水涌出沸腾的样子。　　槛：通"滥"，涌。

[3] 言：助词。　　旂（qí）：古时的一种旗。

水芹

伞形科　水芹属

一至二回羽状复叶
下部叶有叶柄
基部有叶鞘
复伞形花序顶生
花瓣5枚，雄蕊5枚
花柱2枚

叶互生
茎圆柱形、中空
多年生光滑草本

舒适，一定会得到重赏吧。"乡里有人听到，告诉他说："过去有以水芹、蒿籽等为美食的穷人，向富豪称赞它们，富豪拿来品尝，却觉得粗粝不堪，大家都讥笑那个人。你呀，也正是如此啊。"

　　负暄炙背、苦荼芹芽，对于庙堂高位、锦衣玉食者，自是粗鄙不堪之物。后世人们常将赠人礼物或谏言，自谦为"芹献"。野芹虽鄙，但对于"城中桃李"[4]，步兵中散[5]却不屑于青眼相加，这也正是野芹的风骨吧。

---

[4] 城中桃李：城里的桃李花，虽艳丽一时，但很快就凋谢了，比喻小人得志是不会长久的。

[5] 步兵中散：阮步兵、嵇中散，即阮籍、嵇康。

荠

雨 水

春/在/溪/头/荠/菜/花

7

　　南宋绍兴十年（1140年），辛弃疾出生于山东济南府历城县（今济南市历城区），若以地域而言，初生的辛弃疾其实该算是金国的"臣民"。然而，强权从来只能获得表面的臣服。绍兴三十一年（1161年），金主完颜亮大举南侵，在其后方的汉人纷纷起义。时年二十一岁的辛弃疾也加入了声势浩大的

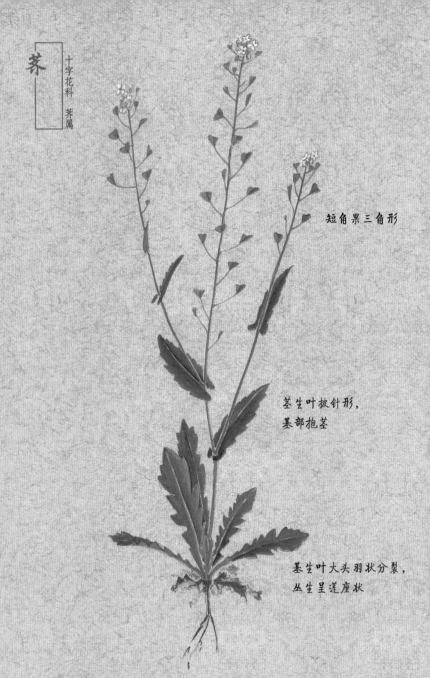

荠

十字花科 荠属

短角果三角形

茎生叶披针形，
基部抱茎

基生叶大头羽状分裂，
丛生呈莲座状

荠的花
萼片4枚，花瓣4枚

荠的果实

碎米荠的果实

二月蓝的果实

义军。不久，南侵金军内乱，完颜亮为部下叛将所杀。金军北归，仓皇失措的义军叛徒张安国刺杀统帅耿京，投降金军。辛弃疾则率五十勇士，于万人军中擒拿张安国，押送建康。至此，辛弃疾方才正式回归"故国"，成为南宋的臣民。

初归南宋的辛弃疾，因其在义军中惊人的勇敢果断名重一时。然而，南宋朝廷其实只图偏安一隅，一心北伐的辛弃疾在官场中难于立足。淳熙八年（1181年），四十二岁的辛弃疾被弹劾罢官，隐居江西上饶，开始了他长达十年的闲居生活。

鹧鸪天·陌上柔桑破嫩芽

［宋］辛弃疾

陌上柔桑破嫩芽，东邻蚕种已生些。

平冈细草鸣黄犊，斜日寒林点暮鸦。

山远近，路横斜，青旗沽酒有人家。

城中桃李愁风雨，春在溪头荠菜花。

雨水时节的江城武汉，虽春寒料峭，但湖畔路边，荠菜已新绿，性急一点的，已经抽出花薹，开出了星星点点的白花。

荠菜肉馅儿的饺子、春卷是许多人的最爱。荠菜作为一种野菜，自古就颇享美誉。《诗经·邶风·谷风》中说："谁谓荼苦？其甘如荠。"《离骚》中"故荼荠不同亩兮，兰茝幽而独芳[1]"则是以荠菜喻君子，以苦菜（荼）喻小人。辛弃疾词中"城中桃李

---

[1] 茝（chǎi）：一作"芷"。

愁风雨，春在溪头荠菜花"既是描摹早春景色的名句，更是词人以溪头野荠自喻，鄙夷城中权贵养尊处优、苟且偷生的言志之作。

荠（*Capsella bursa-pastoris*）是十字花科荠属越年生草本植物。荠属植物有 5 种，多数分布于地中海地区，在我国只有荠 1 种，独特的三角形角果是荠最明显的识别特征。十字花科植物种类繁多，分布广泛，在我们身边十分常见。顾名思义，十字花科植物花瓣为 4 片，呈十字形排列；雄蕊通常为 6 枚，4 长 2 短，称为"四强雄蕊"；果实为角果，成熟后多自下而上成 2 果瓣开裂，这些都是十字花科植物的特征。萝卜、白菜、甘蓝、油菜等许多蔬菜都是十字花科植物，二月蓝是常见的观赏花卉，碎米荠、臭荠、独行菜、蔊菜、风花菜等，是城市里常见的野生植物。

荠菜味美而又"野性"十足，平原旷野、墙角路边，不必播种，春日自生。高官贵胄视之为鲜美野味，乡野鄙夫亦可随意享用。宋人陶穀《清异录》中记载："俗号虀为百岁羹[2]，言至贫亦可具，虽百岁可长享也。"日本作家柳宗民又说，旧时日本的茅草屋，时间久了屋顶难免腐坏，穷人拿不出钱来修葺，荠便生根发芽，长到屋顶上，故而荠菜又有"贫穷草"的别称。这么看来，荠菜既有"入世"的美味，又有"出世"的洒脱，料峭春寒中，自有一番风骨。

---

[2] 虀（jī）：荠菜。

垂柳

惊 蛰

绿 / 柳 / 闻 / 莺 / 惊 / 蛰 / 虫

　　惊蛰是二十四节气中的第三个，一般在农历二月月初。惊蛰之后，农人就要结束冬季的休息，开始繁忙的耕种劳作了。

　　历代文人在惊蛰时节写过不少感叹劳作的诗词，其中，唐朝诗人韦应物的《观田家》是较有代表性的一篇。

观田家

〔唐〕韦应物

微雨众卉新，一雷惊蛰始。

田家几日闲，耕种从此起。

丁壮俱在野，场圃亦就理。

归来景常晏，饮犊西涧水。

饥劬不自苦，膏泽且为喜。

仓廪无宿储，徭役犹未已。

方惭不耕者，禄食出闾里。

这首诗是说农人冬季才刚休息几天，惊蛰一到，就又要开始辛苦劳作了。"晏"读"yàn"，是"晚"的意思；"劬"读"qú"，是"辛劳"的意思。农人每日辛苦劳作到太阳下山，却不以为苦，看到春雨滋润禾苗就欣喜无比。可尽管如此，农人们不仅家无存粮，还有服不完的徭役。至此诗人心中惭愧：自己不事耕作，俸禄皆是取自这些辛劳的百姓。

这首诗五字一句，共十四句，是一首五言古诗。

这里的"古诗"，并不是指"古人写的诗"，而是"古体诗"的意思。和古体诗对应的，是"格律诗"，又叫"近体诗"。这个"古"和"近"的标准，是基于唐朝而言的。

唐朝初年，百废俱兴，文学艺术随之蓬勃发展。在这一时期，一种讲平仄、工对仗的诗歌形式日趋完善起来，这就是"格律诗"。最早发展起来的格律诗，是五字八句的五言律诗。到盛唐时期，五言律诗、七言律诗和五言绝句、七言绝句等体裁都已成熟。这些诗歌形式都是在唐朝逐步发展成熟的，所以唐朝诗人称其为"近体诗"，称唐以前的四言、五言、七言、杂言等诗体为"古体诗"。唐朝的诗人不仅写"近体诗"，还创作了大量的"古体诗"。例如诗人李白著名的《蜀道难》《将进酒》、杜甫的传世之作"三吏三别"（即《新安吏》《石壕吏》《潼关吏》《新婚别》《无家别》《垂老别》）等，都是古体诗。

《大戴礼记》中的《夏小正》篇，相传是夏代遗书。其中有"正月，启蛰，雁北乡，雉震呴[1]"等描述，有人说，这是关于"惊蛰"节气的最早记录。不过，春秋战国之前，二十四节气尚未成型。这里的"启蛰"，应当和《吕氏春秋》中"孟春之月……东风解冻，蛰虫始振"一样，只是对孟春之月物候现象的记录，而非节气"惊蛰"之意。

气至惊蛰，万物萌动，春意渐浓。

春日田园杂兴十二绝（其一）

［宋］范成大

柳花深巷午鸡声，桑叶尖新绿未成。

坐睡觉来无一事，满窗晴日看蚕生。

---

[1] 呴（gòu）：鸣叫。

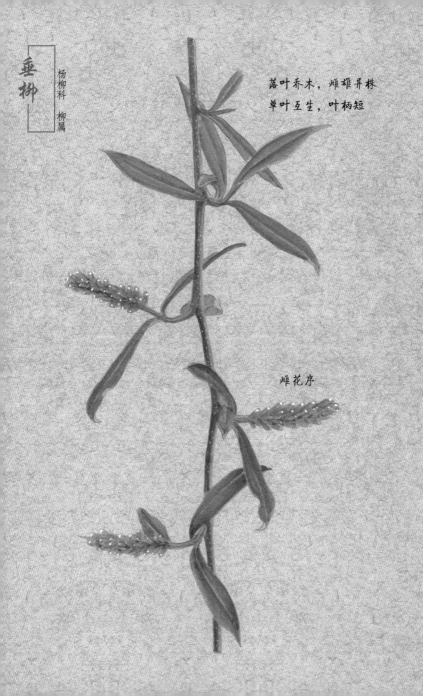

垂柳

杨柳科　柳属

落叶乔木，雌雄异株
单叶互生，叶柄短

雌花序

此诗首二句用以描摹惊蛰前后的江城物候，最是贴切。春季的柳与桑，皆是花叶同发。惊蛰前后，桑树花序初绽，新叶则方一两厘米长短，远看仍未成绿；柳花方开，叶未长成，正所谓"绿柳如烟"。

垂柳（*Salix babylonica*）是杨柳科柳属植物。杨柳科有 3 属：杨属、柳属、钻天柳属。其中钻天柳属仅钻天柳 1 种，杨属为通常所说的各种"杨树"，柳属则包含了各种"柳树"。杨柳科均为木本植物，雌雄异株。杨柳科植物的花没有花瓣，仅有花盘或蜜腺；数十枚花排列成"毛毛虫"样的荑荑花序[2]，这是杨柳科植物的主要特征之一。杨柳科植物种子微小，有白色的丝状长毛，随风传播，即所谓"杨絮""柳絮"。

柳属植物有数百种，其中最常见的是垂柳和旱柳。垂柳枝条柔软下垂，旱柳则不下垂。值得注意的是，古诗词中常杨、柳并称，如"昔我往矣，杨柳依依""沾衣欲湿杏花雨，吹面不寒杨柳风""羌笛何须怨杨柳，春风不度玉门关"等，其中的"杨"通常并非指今之杨树。《说文》曰："柳，小杨也"；《尔雅》曰："杨，蒲柳"；李时珍《本草纲目》中则说："杨枝硬而扬起，故谓之杨；柳枝弱而垂流，故谓之柳，盖一类二种也。"可见这里的"杨"其实是指旱柳等枝条不下垂的柳树。

---

[2] 荑荑（róu tí）花序：似穗状花序，但花序轴下面着生许多无柄的单性小花，花开放后整个花序脱落。

车前

春分

茉 / 苡 / 春 / 来 / 盈 / 女 / 手

　　春分日，太阳直射赤道，昼夜等分。

　　春分、秋分、夏至、冬至，合称"二分二至"，是古人最早确定下来的节气。

　　《尚书·尧典》中把春分叫作日中，把秋分叫作宵中，因为这两天昼夜长短相等；把夏至叫作日永，冬至叫作日短，因为夏至白天最长，冬至白天最短。《春秋左传》中记载，昭公二十一年七月日食，昭公问于大夫梓慎，梓慎回答说："二至二分，日有食之，不为灾。"可见早在春秋时期之前，二分二至已作为历法中的重要内容，确定了下来。

每年春分前后，武汉街头青梅如豆，绿柳如眉，武大、东湖樱花盛放。路边树下，车前草也抽出了花葶[1]。

车前草古称"芣苢[2]"。《诗经·芣苢》曰：

> 采采芣苢，薄言采之。
> 采采芣苢，薄言有之[3]。
> 采采芣苢，薄言掇之。
> 采采芣苢，薄言捋之[4]。
> 采采芣苢，薄言袺之[5]。
> 采采芣苢，薄言襭之[6]。

《芣苢》三章，每章四句，一共四十八个字，是《诗经》中最为质朴的诗篇之一。清方玉润说："涵泳此诗，恍听田家妇女，三三五五，于平原绣野、风和日丽中群歌互答，余音

---

[1] 花葶（tíng）：无茎植物从地表抽出的无叶总花梗或花序梗。

[2] 芣苢（fú yǐ）：同"芣苡"，古书上指车前（草名）。

[3] 薄言：动词词头。　有：采得。

[4] 捋（luō）：从茎上成把地抹下来。

[5] 袺（jié）：用手捏着衣襟。

[6] 襭（xié）：用衣襟兜起来。

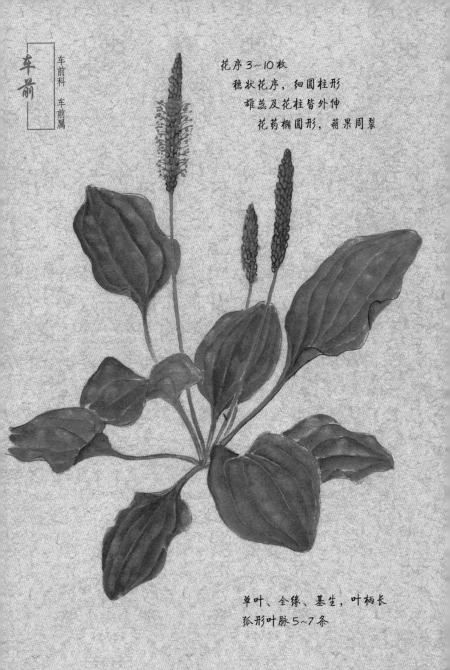

车前
车前科 车前属

花序 3~10 枚
穗状花序，细圆柱形
雄蕊及花柱皆外伸
花药椭圆形，蒴果周裂

单叶、全缘、基生，叶柄长
弧形叶脉 5~7 条

袅袅，若远若近，忽断忽续"，和《汉乐府·江南曲》一样，都是情真景真之千古绝唱。

关于此诗含义，《诗序》云："妇人乐有子矣"，《毛传》说"芣苢……宜怀妊焉"，故而后世诗文中，常以"芣苢"表得子之意，白居易诗中的"芣苢春来盈女手"，即是如此。

谈氏外孙生三日喜是男偶吟成篇兼戏呈梦得

[唐] 白居易

玉芽珠颗小男儿，罗荐兰汤浴罢时。

芣苢春来盈女手，梧桐老去长孙枝。

庆传媒氏燕先贺，喜报谈家乌预知。

明日贫翁具鸡黍，应须酬赛引雏诗。

《旧唐书·白居易传》中说，白居易自幼聪慧绝人，十五六岁时，袖文一编，投于顾况。况其时成名已久，性情傲慢，对后进文章多不屑一顾。读白居易文后，不禁出门相迎，说："吾谓斯文遂绝，复得吾子矣！"野史中所谓"长安物贵，居大不易"者，恐系杜撰。白居易文辞富丽，尤精于诗笔。元稹在其《白氏长庆集序》中说，白居易作《贺雨》《秦中吟》等，时人以《国风》《离骚》比之。"禁省观寺、邮候墙壁之上无不书，王公妾妇、牛童马走之口无不道。至于缮写模勒，衒卖于市井，或持之以交酒茗者，处处皆是。"

通常所说的"车前草"，一般是车前科、车前属植物的统称。车前科有 3 属，中国仅见车前属 1 属，其中常见的"车前草"，有大车前（*Plantago major*）、平车前（*Plantago depressa*）和车前（*Plantago asiatica*）。这三种车前草，形态比较相似。平车前根系有粗壮的直根，大车前和车前根系则为须根。花果期的车前草很容易识别，未抽出花葶的车前草，基生叶形态则与许多菊科、十字花科杂草颇为相似。不过，菊科、十字花科等双子叶植物的叶脉多为羽状脉，而同属双子叶植物纲的车前属植物，却具有与单子叶植物更为相似的弧形脉。当我们在路边、草坪上看到一丛具有弧形脉的莲座状基生叶，基本可以断定，这就是车前草。

泡桐

清 明

桐 / 花 / 烂 / 漫 / 风 / 清 / 明

清 明

清明时节雨纷纷，路上行人欲断魂。

借问酒家何处有，牧童遥指杏花村。

一到清明节，许多人都会想起《清明》这首诗。该诗的时代和作者，很多地方都记为"唐·杜牧"。其实，这首诗不仅几乎可以肯定并非杜牧作品，甚至连是不是"唐诗"都甚为可疑。

杜牧字牧之，又号"樊川居士"，是晚唐杰出的诗人。杜牧的诗文集，主要是《樊川文集》，是由杜牧的外甥裴延翰编订的。裴延翰在《樊川文集》的"序"中说，杜牧晚年病重，搜集了生平所作的诗文，有千百纸，一一丢入火中，留下的仅十之二三。幸亏裴延翰平时就收藏了不少杜牧手迹，才得以保存了诗文共四百五十篇，编成《樊川文集》。杜牧诗文，除了《樊川文集》外，还有《樊川外集》和《樊川别集》。《全唐诗》除收入这三部诗文集外，还增补了两卷，应当算是竭尽所能地搜集了杜牧作品的结果。《全唐诗》中并无这首《清明》，其他唐诗选本，如《唐诗三百首》《唐诗别裁集》等中，也皆无此诗。

杜牧出身仕宦之家，为人风流倜傥，诗风亦如其人。

遣　怀

［唐］杜牧

落魄江湖载酒行，楚腰纤细掌中轻。
十年一觉扬州梦，赢得青楼薄幸名。

杜牧年轻时曾在淮南节度使牛僧孺幕下任书记，住在扬州。每日白天办公，晚上便狎妓饮宴。牛僧孺卸任后，杜牧也升官，调往东都洛阳任监察御史。这首《遣怀》就是他离开扬州时所作，堪称他在扬州这一段浪漫生活的总结。

杜牧分司洛阳时（晚唐长安、洛阳二都，朝中官员一部分在洛阳办公，称为"分司"），原兵部尚书李愿罢官后，正闲居在家，生活豪奢，家伎美艳，常常邀集名流，宴饮作乐。因为监察御史有纠察风纪、弹劾官员的职责，李愿宴饮不便邀请杜牧。杜牧颇感冷落，托人给李愿带话，说希望被邀请赴宴。李愿不得已邀请了杜牧。酒席间，杜牧问李愿："听说有一个叫作紫云的，是哪一个？"李愿指给他看，杜牧盯着紫云看了许久，说："果然名不虚传，应该送给我吧？"李愿笑而不语，许多歌伎也回头看着他笑。杜牧连饮数杯，起身即席赋诗一首：

> 华堂今日绮筵开，谁唤分司御史来。
> 偶发狂言惊满坐，三重粉面一时回。

杜牧诗，以七言绝句为最佳。如"一骑红尘妃子笑，无人知是荔枝来""商女不知亡国恨，隔江犹唱后庭花""停车坐爱枫林晚，霜叶红于二月花""东风不与周郎便，铜雀春深锁二乔"等等，几乎无人不知。而《清明》一诗，语意通晓自然，与杜牧自述作诗态度"苦心为诗，本求高绝"也不甚相符。这首诗作者、时代、背景不详，其中的"欲断魂"，一些解释中认为是清明祭扫之意。

清明在二十四节气中有着特殊的地位，既是节气，又是重要的传统节日。而清明节的习俗中，最重要的即是扫墓。现在"坟墓"并称，但在古时，"坟"与"墓"二字含义不同。清段玉裁注《说文解字》，说"墓为平处，坟为高处"，是说棺木下

蒴果卵形

花萼密被绒毛，
萼齿 5 枚

唇形花，上唇 2 裂，
下唇 3 裂

果熟后开裂，果实小而有膜质翅，
随风传播

泡桐

泡桐科　泡桐属

葬后填土与地面相平的，称为"墓"；而在墓上封土为丘的，才称为"坟"。春秋之前，中国人是"墓而不坟"的。《礼记·檀弓》里记载了这样一个故事：孔子将父母灵柩合葬于防之后，说："吾闻之，古也墓而不坟。今丘也，东西南北之人也，不可以弗识也。"这是说自己是四方奔走之人，不能不在父母墓上留下标记。于是聚土为坟，高四尺。孔子先回家安排祭礼，弟子们留在墓地干活。其后天降大雨，弟子们回来后，孔子问，怎么回来这么晚？弟子回答，刚垒的坟头塌了。孔子不应，弟子们说了三次后，孔子流下眼泪，说："我听说，古人墓上不修坟头啊！"由此可见，春秋时期正是一个由"墓而不坟"向"封土为丘"过渡的时期，孔子对于自己未能遵循古礼，是有愧疚的。

有墓无坟，自然也没有上坟扫墓的习俗，对祖先的祭祀是在宗庙里进行的。上古宗庙祭祀，要由一个人端坐不动，代表祖先神灵接受拜祭，这个人称为"尸"。成语"尸位素餐"即来源于此，一些人将"尸位"解释成"像死尸一样坐着"，实在是望文生义。

战国时期，墓地起坟应该已经成风，上坟祭扫也随之盛行。《孟子·离娄下》中有一个故事：齐国有一个人，家里有一妻一妾。丈夫每次外出，都酒醉饭饱而归。妻子问他与何人酒饭，他说都是一些富贵之人。其妻将信将疑，一日丈夫出门，她便尾随偷看。走遍城中，没有一个人跟她丈夫说话。最后一直走到东郊外的墓地，只见她丈夫蹭到祭扫坟墓的人边上，讨要残羹剩饭；不够，就又东张西望，再寻乞讨。其妻归家，和妾说：丈夫本是我们仰望而依靠的人，没想到他竟是这样的人！二人正在院子里相拥痛哭、咒骂，她们的丈夫归来，不知事已败露，还向其妻妾自夸、摆威风。故事之后，孟子说，在君子看来，一些人"求富贵利达"的方法，能不使妻妾引以为耻而相拥哭泣的，实在太少了。

清明时节正是春风和煦、万物生机勃勃之时。人们至郊外扫墓时，正好赏春踏青。宋朝时，清明节太学要放假三天。《东京梦华录》记述，清明时"四野如市，往往就芳树之下，或园圃之间，罗列杯盘，互相劝酬。都城之歌儿舞女，遍满园亭，抵暮而归"。

《逸周书·时训》篇有"清明之日，桐始华"，是说桐花盛开，正是清明物候。"桐"是我国重要的乡土树种。《诗经·鄘风·定之方中》里写道："定之方中，作于楚宫[1]。揆之以日[2]，作于楚室。树之榛栗，椅桐梓漆，爰伐琴瑟[3]。""椅桐梓漆，爰伐琴瑟"是说广为栽种椅树、桐树、梓树和漆树，成材后伐作琴瑟。

可称为"桐"的树木，现在常见的有梧桐、泡桐和所谓的"法国梧桐"。

---

[1] 于：音义同"为"。

[2] 揆（kuí）：度，测量。

[3] 爰（yuán）：于是。

梧桐和泡桐都是中国原生树种。梧桐属于锦葵科，泡桐属于泡桐科。尽管都有个"桐"字，亲缘关系却相去较远。

泡桐每年公历 3—4 月开花，花白色或紫色，花冠钟状。顶生圆锥花序 30~40 厘米长，花大而多，开时满树繁花，颇为壮观。梧桐花期约自初夏 6 月始，花淡绿白色，小如豆麦，并不显眼。"清明之日，桐始华"说的是泡桐。

泡桐属树木共 7 种，均原产于我国，其中最常见的是毛泡桐（Paulownia tomentosa）和白花泡桐（Paulownia fortunei）。毛泡桐花为鲜紫色或蓝紫色，主要分布于长江流域以北；白花泡桐（通常称"泡桐"）花为白色至淡紫色，主要分布于长江流域及以南地区。泡桐生长迅速，木材轻软，但柔韧而有弹性。纹理优美，干后不翘曲、不变形，经久耐腐，是优秀的经济树种。特别的是，泡桐木具有良好的声学性能。我国的传统乐器古琴，选材有"桐天梓地"之说，即以桐木为琴面，以梓木为琴腹，琴音松透悠远，独具韵味。

古人说"桐"时，多数是指泡桐。而梧桐则称"梧""梧桐"或"青桐"。梧桐材质优良，性质与泡桐类似，生长不如泡桐迅速，条件要求也比泡桐高，故经济价值不及泡桐。但梧桐树干端直，树皮光滑，呈独特的青绿色，小枝翠绿，叶大浓绿，洁净可爱，是我国历史悠久的庭院观赏树种。神话传说中的凤凰"非梧桐不止，非练实不食"，《诗经·大雅·卷阿》中"凤凰鸣矣，于彼高冈。梧桐生矣，于彼朝阳"，说的都是梧桐。

谷雨

谷／雨／如／丝／润／春／茶

晚春田园杂兴十二绝（其九）

［宋］范成大

谷雨如丝复似尘，煮瓶浮蜡正尝新。

牡丹破萼樱桃熟，未许飞花减却春。

谷雨，是一年中的第六个节气，也是春季的最后一个节气。春季，我国中部广大地区的气候特点之一，即为"善变"。常常前一日和风送暖，后一日春寒料峭。而谷雨一过，这种寒潮天气即告结束，气温开始迅速上升。杨花落尽、樱桃初熟，夏天的脚步越来越近了。

在这暮春时节，想要品尝春的滋味，不如来一盏春茶。

暮春龟堂即事

[宋] 陆游

东皇促驾又天涯，一片难寻堕地花。

瘦策穿林数新笋，素屏围枕听鸣蛙。

蚕房已裹清明种，茶户初收谷雨芽。

欲把一杯壶已罄，谩搜诗句答年华。

说起春茶，向有"明前""雨前"之争。近年还拍出过一斤数万元的"明前龙井"。然而，清明之前，我国多数地区草木方萌，茶叶中的风味物质尚未充分生成。明朝人张源在《茶录》中说："采茶之候，贵及其时。太早则味不全，迟则神散。以谷雨前五日为上，后五日次之，再五日又次之。"许次纾的《茶疏》则说："清明太早，立夏太迟，谷雨前后，其时适中。"而清朝的乾隆皇帝，也在《于金山烹龙井雨前茶得句》诗中说："贡茶只为太求先，品以新称味未全。"还特意作注解释："茶以清香妙，太新则味未全也。"

秦汉时期，中国人尚无饮茶的习俗。据《太平御览》引

《世说新语》载，东晋名士王濛"好饮茶，人至辄命饮之，士大夫皆患之，每欲往候，必云'今日有水厄'"。可见即便晋时已有人饮茶，也尚未为大众接受。而北朝贾思勰所著的著名农书《齐民要术》中，尚无关于茶的记载。

茶的真正兴起，要到唐朝。唐朝人封演在他的《封氏闻见记》中说："茶……南人好饮之，北人初不多饮。开元中，泰山灵岩寺有降魔师大兴禅教。学禅务于不寐，又不夕食，皆许其饮茶……从此转相仿效，遂成风俗。"

不过，当时的茶叶皆为茶饼、茶砖，饮用方法也与今日不同。陆羽《茶经》中记载当时最为通行的"煎茶法"：先将茶饼炙干、碾碎，过筛成细末，然后煎水，待水沸后，用小勺取茶末放入沸水中搅动。茶末在沸水中产生泡沫，称为"汤花"。品饮汤花，是饮茶的重要内容之一。晚唐五代，又出现了"点茶法"。即不将茶末加入沸水中煎煮，而是先将其在茶盏中调成"茶膏"，然后注入沸水。这种饮茶法讲究注水时的快慢、落点等手法。成书于五代至北宋初期的《清异录》中记载，其时有福建僧人叫福全的，点茶时可使汤花成字，四盏并列，成一首绝句。而能点茶使汤花形如禽兽虫鱼花草之属的，更是屡见不鲜。这与现在时兴的"咖啡拉花"可谓异曲同工，而又更为久远。

茶园多在丘陵山地，现在城市中的许多人可能并没有见过茶树。不过，有一种茶的近亲，却是城市园林中的常见植物，

茶

山茶科　山茶属

蒴果
成熟时3片开裂
种子球形

常绿小乔木，单叶革质，互生，叶缘锯齿
花 1~3 朵，腋生，萼片 5 枚，花瓣 5~6 枚
雄蕊多数，花柱 3 裂

这就是又称茶花、曼陀罗花的山茶。茶（*Camellia sinensis*）和山茶，同属于山茶科、山茶属。我国是山茶属植物的分布中心，该属的 280 多个物种中，230 多种均产于我国。茶是从中国走向世界，深刻影响了人类历史进程的饮料；而山茶则是我国著名的传统观赏花卉之一。俗话说"春华秋实"，但其实在自然界中，有许多植物是"冬花夏实"。茶花的花期，最盛在公历 1、2 月份，正是万物肃杀的冬季。满树繁茂的山茶花，或红或白，如火如荼。除了山茶，冬季，在我国南方广大地区的城郊、丘陵，你还会见到另一种开满白花、与山茶十分相像的树木。它虽然不及山茶花的娇媚，但却有更为重要的经济价值，它就是油茶。从油茶种子中提炼的茶油，是优质的食用油。

暮春时节，油茶已开始挂果，而经过人们长期培育的山茶花，仍有晚花的品种盛开。不妨携一壶春茶，再去看一眼烂漫的茶花。

棟

立夏

棟 / 花 / 落 / 尽 / 夏 / 初 / 来

钟山晚步

［宋］王安石

小雨轻风落棟花，细红如雪点平沙。

槿篱竹屋江村路，时见宜城卖酒家。

钟山即南京紫金山，是一座历史文化名山。北宋王安石晚年闲居于江宁（今南京）"半山园"。据说此园因距江宁城东门七里，距钟山主峰也是七里，恰位于半途之中，因而得名。王安石不是谢客陶潜，居于"半山"，也是一番左顾右盼、割舍不下的情态。

春天是个繁花似锦的季节。你方初落，它已盛放，档期排得密不透风。故而古人有"二十四番花信风"之说。始于梅花，终于楝花。谷雨过后，江南暮春，楸树、楝树花盛开。不过半月，立夏一至，楝花落尽，夏天就真的到了。

楝（*Melia azedarach*）是楝科、楝属乔木，又称"苦楝"。楝树在武汉，4月中旬初开，5月上旬落尽，花期不足一个月。作为一种乡土植物，在树种单一的城市园林中，楝算不上多见。再加上它是一种通常十几米高的乔木，所以就算你天天从它身边经过，也可能从来没有注意到它。

楝树的一年中，有两个引人注目的时期：一是楝花开时，二是楝树结果时。

楝花开时，你首先感受到的，是它的清香。楝花的香不像桂花那样浓郁热烈，而是初时似无，却又萦绕不去，越是分辨，越觉清晰。楝花不大，5片粉紫色的花瓣围在一起，直径不过1厘米左右。然而这些精巧的小花排成20~30厘米长的圆锥花序，盛放时缀满枝头，远看如粉紫色的云霞停息在树冠。落时片片花瓣，簌簌窣窣而下，正所谓"细红如雪"。

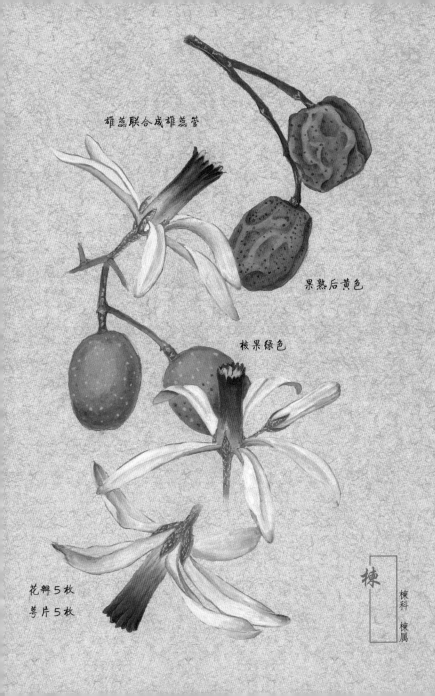

雄蕊联合成雄蕊管

果熟后黄色

核果绿色

花瓣 5 枚
萼片 5 枚

棟

棟科　棟属

楝花雄蕊的花丝联合成管状，称"雄蕊管"，雌蕊居于其中。这也是楝科植物的重要特征之一。楝科植物的分布中心为热带、亚热带地区。除楝外，广泛分布于我国大部分地区的香椿，也是楝科植物。此外，原产于南美洲的名贵木材桃花心木，也是一种高大的楝科乔木，在我国两广、台湾等地区均有种植。

楝树花落后，七八月间即结果。果实椭圆形如小枣，初时青绿，秋冬季节成熟后，则变成金黄色。楝是落叶乔木，而果实却经冬不落，垂挂枝头，颇为醒目。

楝树果实青时苦涩，黄熟时则变甜，但有微毒，人不可食。《庄子·秋水》篇写道："夫鹓鶵发于南海而飞于北海[1]，非梧桐不止，非练实不食，非醴泉不饮。"唐成玄英疏《庄子》云："练实，竹实也"，宋罗愿《尔雅翼》、元王祯《农书》等，皆言练实即楝实。可见楝树的果实，恐怕还是传说中凤凰的口粮。凤凰只是想象中的"神鸟"，不过冬季悬挂在枝头的楝果，却的确是鸟儿们越冬的宝贵食物。

---

[1] 鹓鶵（yuān chú）：传说中鸾凤一类的鸟。

梓

小满

麦/实/小/满/寻/梓/花

　　二十四节气中，小满、芒种皆与重要的粮食作物小麦直接相关。小满意为"小得盈满"。小满前后是冬小麦的灌浆期，正是小麦种子生长中积累淀粉、蛋白质等营养物质的关键时期。再过 15 日左右，小麦成熟，麦芒如针，就要准备收割了。

五绝·小满

［宋］欧阳修

夜莺啼绿柳，皓月醒长空。

最爱垄头麦，迎风笑落红。

在热带、亚热带地区，夏季的干热气候对于植物其实是一个不小的挑战。许多一年生草本植物选择以种子的形式，在休眠中度过这一时期。这些植物大多在早春开花，夏季到来时，它们的种子已经成熟，植株死亡，种子落入泥土中。经过一段时间的休眠，秋季开始萌发、生长。古人所说的小满三候中，二候靡草死，三候麦秋至。"靡草"即小草。时值初夏，一年生的小草本植物大多已经枯死。小麦将熟，对人类来说，是即将到来的收获喜悦，而对小麦自身来说，则是即将来临的生命终点。

自暮春开始，虽然许多烂漫春花都将迎来自己生命的尾声，但万物生生不息，一些美丽的树木，如泡桐、油桐、楸树、苦楝……正渐次开出满树繁花。小满前后，江城武汉，正开梓花。

"梓"字相信许多人都不陌生。《诗经·鄘风·定之方中》篇赞美卫文公从漕邑迁到楚丘重建卫国，其中写道："揆之以日，作于楚室。树之榛栗，椅桐梓漆，爰伐琴瑟。"桐木与梓木，是制造中国传统乐器古琴的最佳材料。《诗经·小雅·小弁》中有："维桑与梓，必恭敬止。靡瞻匪父，靡依匪母。"是说家中桑梓为父母所植，念及父母，对桑树梓树也当恭敬。宋朱熹注曰："桑梓二木，古之五亩之宅，树之墙下，以遗子孙给蚕食，具器用者也。"是故"桑梓"一词，自古以来即用以指代家乡。如西晋陆机《百年歌》："辞官致禄归桑梓，安居驷马入旧里。"唐柳宗元《闻黄鹂》："乡禽何事亦来此，令我生心忆桑梓。"更有成语"敬恭桑梓""造福桑梓"等，不一而足。

梓树木材耐腐，古人亦以之为制作棺木的上等材料。帝王的棺木，又有"梓宫"的别称。《晋书》中记载："及魏武薨于洛阳[1]，朝野危惧。帝纲纪丧事，内外肃然。乃奉梓宫还邺。"唐朝诗人李贺写过一首题为《苦昼短》的古诗，其中有这样的句子："刘彻茂陵多滞骨，嬴政梓棺费鲍鱼[2]。"诗中"刘彻"即汉武帝，而"嬴政梓棺费鲍鱼"，说的则是公元前210年，秦始皇嬴政病死于出巡途中，赵高、胡亥假造诏书，由胡亥继承皇位。二人怕谎话败露，串通李斯隐瞒始皇死讯。其时天气炎热，始皇尸体腐烂，臭不可闻。赵高等人只好买来许多臭咸鱼，堆在车上，掩盖尸体的臭气。

梓（*Catalpa ovata*）是紫葳科梓属植物。紫葳科植物主要分布于热带亚热带地区，通常有大而美丽的唇形花。在我国南北各地广泛栽植的紫葳科观赏植物凌霄花，古时又名"紫葳"。紫葳科之名，即来源于此。而现今公园花圃中常见的紫薇，俗称"痒痒树"，虽发音相同，却与紫葳科无关，是千屈

---

[1] 魏武：指曹操。　薨（hōng）：死。

[2] 鲍鱼：指咸鱼，而非今天人们所喜食的海鲜"鲍鱼"。

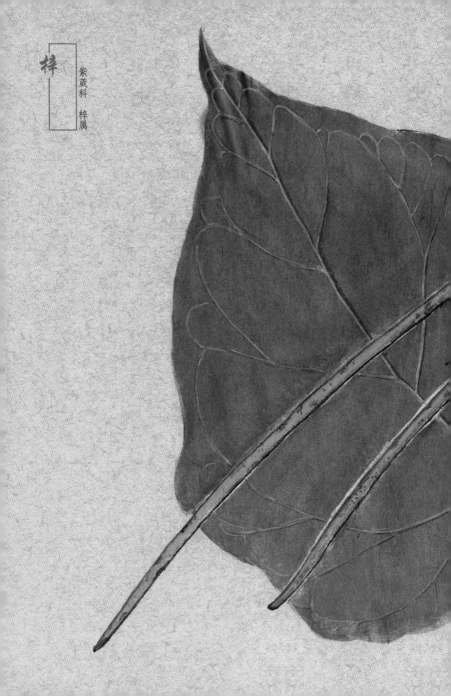

梓

紫葳科　梓属

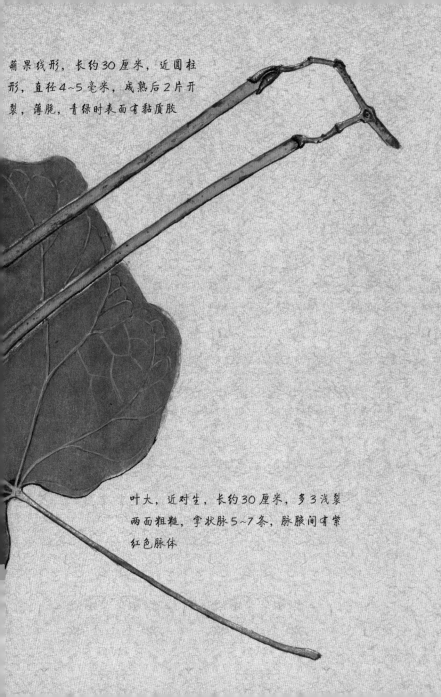

蒴果线形，长约30厘米，近圆柱
形，直径4~5毫米，成熟后2片开
裂，薄脆，青绿时表面有黏质胶

叶大，近对生，长约30厘米，多3浅裂
两面粗糙，掌状脉5~7条，脉腋间有紫
红色脉体

菜科的落叶小乔木。

梓属植物，除梓树外，常见的还有楸树，也是我国历史悠久的栽培树种。梓树和楸树都有独特的线形蒴果[3]。梓树的蒴果粗不超过5~6毫米，长度却可达30厘米左右；楸树蒴果粗细与梓树相当却更长，一般可达50~60厘米。梓树花黄白色，楸树花则为娇艳的粉紫色。梓树叶大，长、宽多达20~30厘米，两面粗糙；楸树叶较梓树小，但两面光滑，更加碧绿可爱。《东京梦华录》记载："立秋日，满街卖楸叶，妇女儿童辈，皆剪成花样戴之。"近年来我国南北各地公园中，又可见到一种高大乔木，与梓树、楸树相像；花雪白色，稍大于梓花、楸花；蒴果亦为长线性，但粗可达2厘米左右。这也是一种梓属植物，叫作黄金树，原产于美国，是人工引进的观赏植物。

近年来有人热炒明清家具，其实花梨紫檀等，都是南来的热带树种，中原之地，一向不产。梓树木材质轻、容易加工、坚硬却又富有弹性，耐腐且不易翘曲、开裂。因梓树常用于建宫室、造器物，所以古代木匠又称"梓人"；因梓树用于雕刻印刷书籍的雕版，所以图书出版有了"付梓"的别称。古人甚至称梓树为"木王"。今天，梓树已经不再作为主要的经济树种，但每年初夏，满树梓花如云似雪，仍是一番穿越千年的盛景。

---

[3] 蒴（shuò）果：干果的一种，由两个以上的心皮构成，内含许多种子，成熟后裂开。

稻

芒种

芒 / 种 / 到 / 时 / 忙 / 种 / 稻

　　我国大部分地区属于大陆性季风气候。冬季，受西伯利亚高压控制，冷空气自北向南推进，带来寒冷干燥的天气；夏季，则受印度低压控制，湿润温暖的南风自海洋而来。

梅雨五绝（其二）

［宋］范成大

乙酉甲申雷雨惊，乘除却贺芒种晴。

插秧先插蚤籼稻，少忍数旬蒸米成。

每年 4 月末 5 月初，自北方南下的冷空气与从南方北上的暖空气汇合于华南地区。到了 5 月末 6 月初，暖空气势力增强，推进至江淮地区，形成江淮准静止锋（又称梅雨锋）。由于来自南方的暖空气中夹带着大量水汽，遇冷凝结，会给长江中下游地区带来一个月左右阴雨连绵的天气。

这段时间，也正是江南梅子金黄的时节。这一"梅雨"季节大约横跨"芒种"与"夏至"两个节气。俟其结束，"小暑""大暑"相继而来，一年中最热的"三伏天"也就快到了。

南宋诗人范成大有五首描摹梅雨季节的七言绝句，合称《梅雨五绝》（见《范石湖集》第二十六卷）。上面的这首诗，就是其中的第二首。我国古代自甲骨文时代起，就使用干支记日。即以十天干（甲乙丙丁戊己庚辛壬癸）和十二地支（子丑寅卯辰巳午未申酉戌亥）依次组合为六十甲子，周而复始，用于记日。其中"甲申"与"乙酉"，就像现在所说的"周二"与"周三"、"周五"与"周六"等一样，是前后相邻的两天。而"乘除"一词在古诗中亦不鲜见，多用于指代事物的消长转换。古时农俗忌五月甲申、乙酉日雨，认为雨则将大水难退。这首诗是说五月甲申、乙酉两天连日雷雨，使人心中忧惧。所幸到了芒种

稻

禾本科　稻属

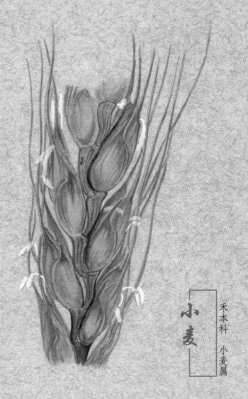

小麦

禾本科　小麦属

顶生圆锥花序疏松开展
常下垂，通常无芒
雄蕊6枚，柱头2枚，
自小穗两侧伸出

穗状花序直立，小穗单生
于穗轴各节，通常有芒
雄蕊3枚，花柱2枚，伸出

这天，雨过天晴，农人正好抓紧时间插秧种稻（*Oryza sativa*）。

历代诗选中，范成大诗多选其《使金纪行诗》和《四时田园杂兴》中的作品，《梅雨五绝》并不多见。然而，这首诗中所说的"插秧先插蚤籼稻，少忍数旬蒸米成"，却恰恰是我国农业历史中一件大事的生动记录。

今天许多再普通不过的作物，最初都是"远道而来"的异域植物。粮食里的小麦、玉米，蔬菜里的番茄、菠菜，水果里的西瓜、葡萄等都是如此。虽然我国也是水稻的原产地之一，但是在水稻种植和品种优化的历史中，却同样有一种来自异域的水稻品种，起到了重要的作用。

《宋史》中记载：大中祥符（1008 年—1016 年）初，"帝以江淮、两浙稍旱即水田不登，遣使就福建取占城稻三万斛，分给三路为种，择民田高仰者莳之，盖早稻也。内出种法，命转运使揭榜示民。后又种于玉宸殿，帝与近臣同观；毕刈，又遣内侍持于朝堂示百官"。"大中祥符"是宋真宗赵恒的第三个年号。赵恒是宋太宗赵光义的第三个儿子，也是北宋的第三位皇帝。宋真宗在位初期，与辽国订立"澶渊之盟"，北宋自此进入了史称"咸平之治"的繁荣时期。占城稻是原产于古占城国（在今越南）的优质早籼稻品种，宋初时虽已传至中国福建等地，但仍仅限于当地的小规模种植。北宋朝廷有计划地将占城稻引进广大的长江中下游稻作区，皇帝亲自试种，地方最高行政长官负责推广。占城稻"比中国者穗长而无芒，粒差小，不择地而生"，适应性强、耐旱、产量高，而且，最快者插秧后 50 日左右即可成熟收割。朝廷的大力推广加上占城稻自身突出的优良性状，使得它迅速在全国各地普及，一时间不仅取代了原有的水稻品种，更在其后的杂交育种中广泛改变了我国水稻品种的组成。

在占城稻推广之前，我国粮食生产基本上为"南稻北麦"，一年一季。每年新谷未熟，旧谷将罄时，总有一段"青黄不接"的时期。而占城稻等早籼稻芒种前后插秧进入大田，两个月左右时间就可以成熟。"插秧先插蚤籼稻，少忍数旬蒸米成。"人们在收割早籼稻之后，仍有足够时间再进行一季晚粳稻的生产。占城稻等早籼稻的推广，带来了一年两季的"双季稻"生产模式。我国宋代的经济繁荣和人口大幅增长，可以说与占城稻的引进、推广有着直接的联系。

双季稻的种植，对于人力和地力都有较大的消耗。而早籼稻的收割和晚粳稻的插秧，"抢收抢种"，又正值一年中最为炎热的时期。早籼稻生长周期短，多数口感较差。随着生活水平的提高，目前长江中下游地区双季稻的种植面积已经越来越少了，但在每年"芒种"之日，我们还是应该记得"忙种"早籼稻的辛劳和随之而来的宝贵收获。

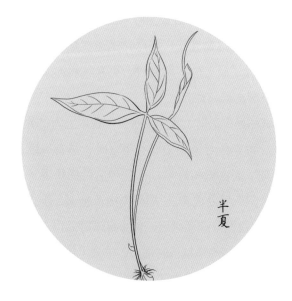

半夏

夏至

夏/至/半/时/半/夏/生

我国的中医药文化源远流长，许多药材的名称颇为有趣。历代诗人常将中药材名称嵌在诗句中，或谐音，或会意，别有一种趣味。这样的诗又称"药名诗"，唐代著名诗人张籍所作这首《答鄱阳客药名诗》，即是其中一首。

答鄱阳客药名诗

[唐]张籍

江皋岁暮相逢地，黄叶霜前半夏枝。

子夜吟诗向松桂，心中万事喜君知。

这首诗初看只是一首平常的赠答诗：江畔相逢，时近岁暮，树上黄叶飘零，树下半夏枯萎。夜半吟诗，只见松桂青翠依旧，欣慰的是，世上还有知己如君。然而有趣的是：这首诗中藏有地黄、半夏、枝（栀）子、桂心、喜君知（使君子）五味中草药名称。其中的"半夏"，是一种与夏至节气密切相关的植物。

夏至与春分、秋分、冬至一起，合称为"二分二至"，是一年二十四节气中十分重要的日子。在这一天，太阳运行至一年中的最北端，阳光几乎直射北回归线。对于北回归线及其以北地区而言，这一天是一年中正午太阳高度角最大的一天，也是一年中白昼最长的一天。

古人讲"夏至三候"，初候鹿角解，二候蜩始鸣，三候半夏生。

鹿的角不是"终身使用"的，而是每年周期性生长、脱落。每年5、6月，雄鹿的旧角脱落，随后长出"鹿茸"。鹿茸逐渐长大、骨化，变成坚硬的鹿角。到了秋季发情期，雄鹿用鹿角进行争斗以争夺配偶。"蜩"即蝉。6月下旬，蝉的幼虫已经钻出地面，羽化成虫，开始求偶、鸣叫。随后，半夏也

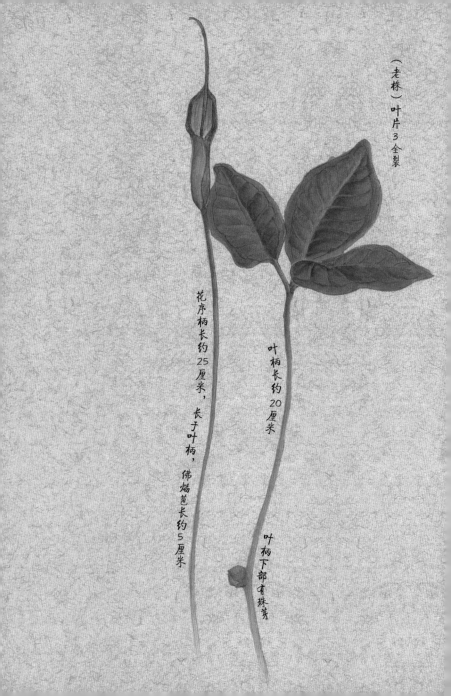

（老株）叶片3全裂

花序柄长约25厘米，长于叶柄，佛焰苞长约5厘米

叶柄长约20厘米

叶柄下部有珠芽

附属器

佛焰苞

珠芽

天南星科 半夏属

半夏

开始长出地面了。

半夏（*Pinellia ternata*）是天南星科半夏属植物。天南星科植物的花一般十分微小，排列为肉穗花序，花序外则有大的佛焰苞包围。其实我们对于天南星科植物并不陌生。著名的观赏花卉马蹄莲就属于天南星科，我们所见到的洁白美丽的"花瓣"，就是马蹄莲花序外的佛焰苞，我们通常当作马蹄莲的"花蕊"的，才是马蹄莲真正的花序。除了马蹄莲以外，用于观赏的菖蒲、龟背竹，可食用的芋头、魔芋等，都属于天南星科。

半夏是一种著名的中药材，具有镇咳、祛痰等功效。半夏是一种多年生草本植物，但在一年中，只有在夏季人们才能看到它的身影。半夏的茎为球状的地下茎，每年夏至前后，叶和花序一起抽出地面，在随后两个月左右的时间里开花、结果。果实成熟以后，半夏的地上部分枯萎，以球茎的形式蛰伏地下，等待下一个夏至的到来。

茉莉

小暑

小 / 暑 / 温 / 风 / 茉 / 莉 / 香

　　古人云：小暑三候，初候温风至，二候蟋蟀居壁，三候鹰始挚。小暑节气的到来，标志着江淮地区即将出梅而入伏，一年中最为炎热的天气马上就要到了。

末　利 [1]

［宋］刘克庄

一卉能薰一室香，炎天犹觉玉肌凉。

野人不敢烦天女，自折琼枝置枕旁。

　　提起盛夏季节的花卉，茉莉花总是莫名给人一种清凉的感觉。而在西方世界中，提到茉莉花，也似乎总会伴随着"好一朵茉莉花，好一朵茉莉花"的歌声，叫人联想到神秘的东方古国——中国。这大概与意大利著名音乐家普契尼的歌剧杰作《图兰朵》脱不开干系。在这部经典的歌剧中，普契尼融入了中国江南民歌《茉莉花》的旋律。而作为普契尼最伟大的作品之一，《图兰朵》也使得茉莉花成了东方古国神秘美丽的象征。

　　茉莉花如此美丽芬芳，自然是文人热衷吟咏的对象。然而，搜寻古代诗词，你会发现，有关茉莉花的诗句似乎是从宋代才开始"爆发"。唐诗中关于茉莉的诗句却可谓凤毛麟角，在唐朝之前的作品中，更是难觅踪迹。这又是为什么呢？

次王正之提刑韵，谢袁起岩知府送茉莉二槛

［宋］范成大

千里移根自海隅，凤帆破浪走天吴。

散花忽到毗耶室，似欲横机试病夫。

---

[1] 末利：即茉莉。

燕寝香中暑气清，更烦云鬟插琼英。

明妆暗麝俱倾国，莫与矾仙品弟兄。

这首诗是诗人范成大为感谢友人赠茉莉花而作。诗中写道："千里移根自海隅，风帆破浪走天吴。"原来，代表着中国形象的茉莉花，并不是中国的原产植物。

相传为西晋人嵇含所著的《南方草木状》一书中有这样的记载："耶悉茗花、末利花，皆胡人自西国移植于南海。南人怜其芳香，竞植之。"到了现代，科学家们通过对茉莉花遗传物质的研究，证实茉莉花原产于今日印度和不丹相邻的地区，随后才向东、西方传播。对于《南方草木状》一书的作者和创作时代，史学界向有争议。一些学者认为此书并非西晋人嵇含的作品，而是南宋某造假高手的伪作。抛开此书真伪，单就茉莉花而言，很有可能在唐朝时，仍是中原地区难得一见的异卉。而到了南宋时期，一方面江浙地区成为政治文化中心，另一方面社会经济发达，民众生活富庶，茉莉花到此时才成为一种广为人知的花卉，在江南地区广为种植。

茉莉花（*Jasminum sambac*）是木犀科素馨属植物。木犀科植物的花多排成聚伞花序，花冠 4 裂，雄蕊 2 枚。对于木犀科植物，其实我们并不陌生。许多木犀科植物都有强烈的香气，木犀（俗称桂花）、丁香属于木犀科；药材连翘、

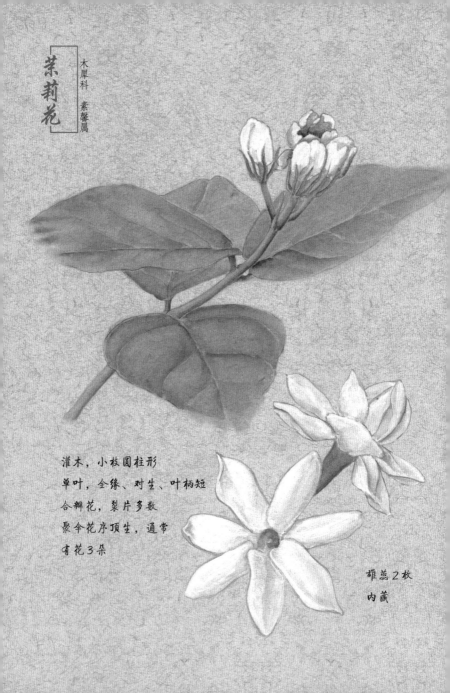

茉莉花

木犀科 素馨属

灌木，小枝圆柱形
单叶、全缘、对生、叶柄短
合瓣花，裂片多数
聚伞花序顶生，通常
有花3朵

雄蕊2枚
内藏

野迎春

木犀科　素馨属

花单生叶腋，
花冠裂片 6~8 枚

常绿灌木，枝条下垂，
小枝四棱形，有沟
三出复叶，对生、小叶全缘

女贞也属于木犀科。《圣经·旧约》中，大洪水过后，诺亚从方舟上放出一只鸽子。鸽子衔回一根橄榄枝，给人类带来了重生的希望。这里的"橄榄"，即是原产于地中海地区的木犀科木犀榄属植物木犀榄（俗称油橄榄），其果实用于榨取橄榄油。

《南方草木状》里的耶悉茗花今称素方花，和茉莉花一样，也属木犀科素馨属。素方花、茉莉花都来自异域，我们身边难道没有中国原生的素馨属植物吗？其实，早春时节随处可见的迎春花，即是原产我国的素馨属植物。迎春花在北方是落叶灌木；在南方则为常绿植物，《中国植物志》中称之为野迎春。

莲

大暑

土 / 润 / 溽 / 暑 / 闻 / 荷 / 声

大暑节气，正是一年中最热的时候。

其实不止人怕热，植物亦然。此时，春天的似锦繁花中，不少都已经完成了一个生命周期，或以种子，或以地下根（茎）的方式，熬过夏季的酷热。而炎阳似火，酷暑如蒸之中，最为蓬勃烂漫的，当属莲花。

得胜乐·夏

[元]白朴

酷暑天，葵榴发，

喷鼻香十里荷花。

兰舟斜缆垂杨下，

只宜铺枕簟、向凉亭披襟散发。

在旧的分类系统中，莲（*Nelumbo nucifera*）属于睡莲科、莲属。但莲的花托呈海绵状，膨大成莲房（成熟后即莲蓬），子房和花柱包埋其中，与睡莲颇不相同。而经现代分子生物学研究发现，莲与睡莲，在进化关系上也相去甚远。所以，在新的 APG 分类系统中，莲自睡莲科独立为莲科。新的莲科只莲属 1 属，含分布于亚洲的莲和分布于美洲的美洲黄莲 2 种。莲花为白至粉红色，美洲黄莲的花则为黄色。在我国原有的众多莲花品种中，无黄色花者。近年来在一些园林中见到的黄色至橙色的莲花品种，都是莲与美洲黄莲的杂交产物。

中国人喜爱莲花。北宋理学家周敦颐写过一篇脍炙人口的散文——《爱莲说》，其中写道："水陆草木之花，可爱者甚蕃。晋陶渊明独爱菊。自李唐来，世人甚爱牡丹。予独爱莲之出淤泥而不染，濯清涟而不妖，中通外直，不蔓不枝，香远益清，亭亭净植，可远观而不可亵玩焉。"实际上，莲并非"不蔓不枝"，莲的枝枝蔓蔓，恰是不少人酷暑时节的心头最

莲

莲科 莲属

莲房
花托膨大成莲房
心皮嵌生其中
坚果,不裂

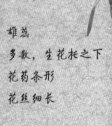

雄蕊
多数,生花托之下
花药条形
花丝细长

多年生水生草本
根状茎横生水下
叶柄、花梗粗壮,中空
外面散生小刺

爱——藕带。

莲日常为人所见的，只有它的叶、花和果实。"亭亭净植"的，只是莲的叶柄和花梗——这些和所有植物一样，自然是"不蔓不枝"的。深埋淤泥之中的莲藕，才是莲真正的茎。这种像根一样埋入地下的茎，称为"根状茎"，在植物世界中，并不鲜见。莲真正的根，则着生在茎（莲藕）的节上。如果仔细观察，在买回的新鲜莲藕上，我们可以看到莲根的痕迹。不过，此时你很可能会产生另一个疑问：茎上有根，为何却找不到莲叶、莲花长出的痕迹？

原来，莲藕上确实是不会长出莲叶和莲花的。

莲是一种多年生植物。每年从春到夏，莲叶都会把光合作用产生的营养物质输送到淤泥里的根状茎中，一天天储存起来。深秋时节，莲叶枯萎，莲的地上部分死亡。而莲的根状茎中，已经储存了大量的淀粉等糖类物质，节间极端膨大，变成了肥胖的莲藕。莲藕梢部有芽。次年春季，藕梢的芽萌发，长出细长的新茎。这些初生的嫩茎脆嫩清鲜，即是"藕带"。藕带如未被采摘，便会如竹鞭一样在淤泥中蔓延，变成"藕鞭"。这些藕鞭才是生长旺盛期的莲的茎。在这些茎的节上，叶芽、花芽萌发，探出水面，便是新生的莲叶和莲花。藕带既然是初生的莲茎，那么采挖一根藕带，会不会就毁了一株莲在新的一年里的"一生"？爱吃藕带的你大可不必担心。作为生长期莲茎的藕鞭，不仅可以长出莲叶、莲花，还具有旺盛的分枝能力。在藕鞭的节上，会不断萌发新的藕带，长成新的藕鞭。如顺其自然，枝枝蔓蔓，会如一张大网一样，遍布一片池塘。

周敦颐以情寄物，说莲"中通外直，不蔓不枝"。莲的根茎深埋水底，为了呼吸通气，莲藕、藕鞭、叶柄、花柄，都是中空有通道的。"中通"不错，不过"外直"而"不蔓不枝"的，其实只是叶柄、花柄而已。大众爱莲，不只因花美，还因莲藕、莲子、藕带甚至莲花，皆可为食。在湖北湖南莲乡，莲的形象，可远非周敦颐文中"可远观不可亵玩"的高冷。

清代文人沈复的《浮生六记》中，记载有一种莲花茶的制作方法："用小纱囊撮茶叶少许，置花心，明早取出，烹天泉水泡之，香韵尤绝。"

大暑时节，莲花盛放。如近便，不妨照此一试。

红蓼

立 秋

蓼 / 花 / 似 / 火 / 立 / 秋 / 风

　　不知不觉间，时令已至立秋。古人说立秋三候："初候凉风至，二候白露降，三候寒蝉鸣。"尽管伏天里炎阳如火，可自今日起，不妨在心里安慰自己：伏天已经到啦，秋天还会远吗？

此时，在江南的路边池畔，一种自古为人吟咏的野花已经悄然开放，准备迎接秋天的到来。

山有扶苏

山有扶苏，隰有荷华[1]。

不见子都[2]，乃见狂且[3]。

山有桥松[4]，隰有游龙[5]，

不见子充[6]，乃见狡童。

《诗经》的创作时间大约在商末周初到春秋末期，距今久远，许多篇章的最初来历和含义今天都不甚确定，《山有扶苏》也是如此。

在这首短短的小诗里，讲到了四种植物，描绘了一幅夏末秋初的自然风景。诗中荷花、松树古今同名；"扶苏"大约是指蔷薇科唐棣，仲春开花，夏末枝头果实累累。而"游龙"，却不是蛇身鹿角、呼风唤雨的神兽，而是一种蓼科蓼属植物——红蓼（*Polygonum orientale*）。

立秋：蓼花似火立秋风

67

---

[1] 隰（xí）：低洼的湿地。

[2] 子都：古代的美男子。

[3] 且（jū）：一通"伹"，狂且，即狂行拙钝之人。闻一多注为"者"，即"狂者"。

[4] 桥：通"乔"，高。

[5] 游：枝叶舒展的样子。

[6] 子充：人名，不可考。《毛传》："子充，良人也。"这里用他代表好人。

托叶鞘呈筒状，顶端有环状的翅
具长柔毛、缘毛

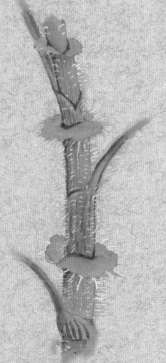

花被片 5 枚、雄蕊 7 枚
花柱 2 枚

一年生草本
单叶，互生
全株密被长柔毛
总状花序紧密，呈穗状
数个组成圆锥状

蓼科植物有 1 000 多种，主要分布于北温带地区。其中，大黄、何首乌、草血竭等是传统中药材；荞麦、苦荞麦是粮食作物；水蓼是上古时代仅有的辣味调味品；蓼蓝是重要的染料植物，可提取靛蓝，即所谓"青出于蓝而胜于蓝"者。蓼科植物的托叶通常联合成鞘状，称托叶鞘。不同的蓼科植物，其托叶鞘具有不同的形态，是蓼科植物鉴别的重要依据。

蓼属是蓼科的第一大属，属内有 200 多种植物，其中大半在我国有分布。蓼属植物多是生命力顽强的野草，蓼子草、蚕茧草、萹蓄、愉悦蓼、刺蓼、杠板归等，在城市路边、荒地都常可见到。

而红蓼，大约可称之为蓼属中的"颜值担当"。红蓼耐贫瘠，不择土壤，路边墙角都可生长。不过，红蓼更喜欢水边的湿地，在河湖岸边，路旁及膝高的红蓼可长到两三米高。秋季盛花时，大片密集的红蓼形成壮观的红色花海，风过处赤浪翻滚，确是矫若游龙。

"蓼花蘸水火不灭，水鸟惊鱼银梭投。"红蓼自古以来就是诗人画家喜爱的植物，也可算是传统文化中的"名花"之一。然而，在我们今天的城市园林里，各种来自异域的奇花异草四季开放，红蓼、凌霄、佩兰、绶草等历史悠久而又颇具观赏价值的本土植物却难觅踪迹，不能不说是一种遗憾。

蓼 花

[宋] 陆游

十年诗酒客刀洲，每为名花秉烛游。

老作渔翁犹喜事，数枝红蓼醉清秋。

凉风将至，去看蓼花。

宋徽宗所绘《红蓼白鹅图》

梧桐

处 暑

梧 / 桐 / 滴 / 雨 / 夜 / 初 / 凉

　　立秋虽是秋季的第一个节气，却通常正值一年的三伏天气之中。每年伏天的结束，要等到处暑前后。

秋 思

［宋］陆游

诗人本自易悲伤，何况身更忧患场。

乌鹊成桥秋又到，梧桐滴雨夜初凉。

江南江北堠双只[1]，灯暗灯明更短长。

安得平生会心侣，一尊相属送年光？

梧桐树是原产于我国的树种，自古以来就经常栽植于庭院园林之中。秋夜初凉，秋雨绵绵，淅淅沥沥打在宽大的梧桐树叶上，正所谓"梧桐滴雨夜初凉"，难免叫人平添一丝愁绪。而"梧桐夜雨"，也成为古诗词中初秋季节的代表意象。

梧桐（*Firmiana simplex*）又名"青桐"，这是因为不同于绝大多数树木粗糙树干的深褐色，梧桐树的树干自幼苗到成年，都呈现出光洁的青绿色。在武汉的郊野、丘陵地带，大树的树干上常常攀爬着密密层层的络石、地锦等藤本植物。而梧桐光洁通直的树干上，则极少有藤蔓植物攀爬，在密林中，更显得亭亭玉立、卓尔不群。也许正因为如此，在《诗经·卷阿》中有："凤凰鸣矣，于彼高冈。梧桐生矣，于彼朝阳。"《庄子》中也写道："夫鹓鶵发于南海而飞于北海，非梧桐不止，非练实不食，非醴泉不饮。"后世梧桐的形象，也就与神鸟凤凰密不可分。

---

[1] 堠（hòu）：古代瞭望敌方情况的土堡。

梧桐树干通直、青绿光洁，树叶宽大，在常见的树木中并不难识别。更有趣的，是梧桐的果实。

梧桐树每年 6 月初开花。细小的花白里透绿，虽由数十朵组合成不小的圆锥花序，但仍不太引人瞩目。梧桐花期不长，大约到 6 月下旬，细花落尽，代之以一簇簇的果实。梧桐的果实形态颇为有趣：每根总果梗的末端有一个稍微扩大的圆盘，盘的一周，等间距地垂下 5 枚细手指样的绿色蓇葖果。不过一周左右，这些"绿手指"就会开裂，变成一叶小舟的样子，在这些"小船"的"船舷"上，则缀着四五颗黄豆大小的种子。现在的孩子们即便认识梧桐树，也很少知道这些种子是可以吃的。而且，梧桐籽富含脂肪和碳水化合物，滋味甘香，远胜于榆钱、槐花。

处暑时节，武汉公园、街头的梧桐树上挤满了一簇簇或赭红、或金黄的小船一样的果实，"船舷"上点缀着一颗颗浑圆饱满的种子。没有人来采摘这些梧桐的种子——愿今后一直如此。

相比中国原生的梧桐，许多人更加熟悉的恐怕还是另一种遍布城市大街小巷的行道树——"法国梧桐"。正如这个充满异国情调的名字，"法国梧桐"是外来树种。

不过"法国梧桐"并不是"一种"树木，它的家乡也不是法国。当"法国梧桐"最早进入中国时，世界上甚至都还没有"法国"……

"法国梧桐"的正式名称，叫作"悬铃木"。

在距今 6 500 万年～260 万年前，悬铃木的家族曾经"人丁兴旺"，广泛分布于北美和欧亚大陆。而今天，悬铃木科植物仅剩 11 种，其中 3 种在我们身边比较常见，它们就是一球悬铃木（*Platanus occidentalis*）、二球悬铃木（*Platanus acerifolia*）和三球悬铃木（*Platanus orientalis*）。

树如其名，悬铃木最突出的特征就是它的果序呈球形，长在长长的花序梗上，悬挂枝头，好似一颗颗铃铛。一球悬铃木的一根花序梗上，通常只有 1 颗"铃铛"；三球悬铃木的"铃铛"多为 3 颗（或更多）一串；二球悬铃木的"铃铛"数则是前面"两位"的平均，一根花序梗上多为 2 颗。

这三种悬铃木都是高大的乔木，可以生长到三四十米高，树冠宽广，叶大荫浓。悬铃木下，是天然的宽敞凉亭。也正因为如此，悬铃木自古以来就是人类城市中的常客。

三种悬铃木中，三球悬铃木原产于西亚至欧洲地区。今天，如果你去土耳其旅游，在许多古城的街道上都可以看到树龄数百年以上的三球悬铃木。传说在公元前 400 多年，现代医学之父希波克拉底就是在一棵三球悬铃木下，教导学生并带领他们许下了著名的"希波克拉底誓言"。今天，这棵三球悬铃木仍旧生长在希波克拉底的故乡——希腊科斯岛上，成为登岛游客的首选景点。

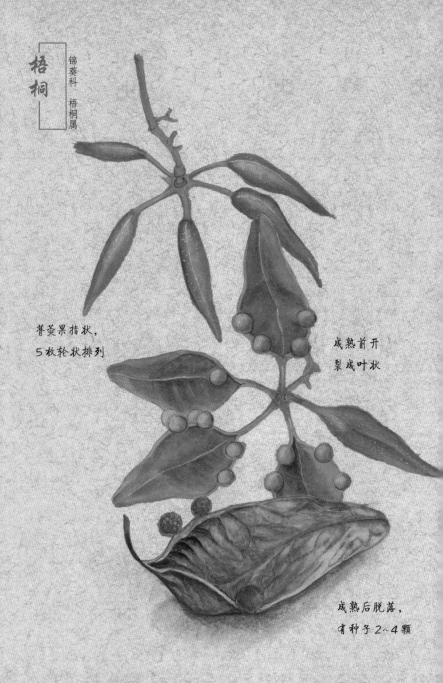

梧桐

锦葵科 梧桐属

蓇葖果指状，
5枚轮状排列

成熟前开
裂成叶状

成熟后脱落，
有种子2~4颗

悬铃木

悬铃木科　悬铃木属

一球悬铃木

二球悬铃木

三球悬铃木

汉代，中国人开辟了著名的丝绸之路，悬铃木也通过这条丝路逐步进入中国的新疆、甘肃。当时的人们称这种树荫浓密的大树为"祛汗树"。公元 401 年（东晋隆安五年、后秦弘始三年），后秦高祖姚兴自今天的甘肃武威迎接高僧鸠摩罗什至长安，在陕西户县草堂寺建立道场，传法译经。相传鸠摩罗什抵达后，脱下鞋子休息双脚。鞋中无意带来的种子落地生根，悬铃木由此进入中原。三球悬铃木因此又得名"鸠摩罗什树"。据《户县县志》记载，这棵"鸠摩罗什树"在 20 世纪初仍枝叶繁茂，干径 3 米以上。可惜古寺古木，今天早已不存。

1492 年，哥伦布到达美洲。此后，众多的美洲动植物开始汇入全球物种交流。原产北美的一球悬铃木自此进入欧洲。作为一种风媒植物，一球悬铃木和欧洲原产的三球悬铃木发生杂交，产生了二球悬铃木。正如许多杂交物种一样，青出于蓝而胜于蓝的二球悬铃木，相比它的"父母"，拥有更为雄伟端正的树形，更为强大的生命力和适应性。一经产生，即迅速获得了人们的喜爱。

有人认为二球悬铃木最早产生于英国，也有人认为是西班牙。然而，英国无疑是最早人工栽培二球悬铃木的国家。2002年，为庆祝英国女王伊丽莎白二世登基 50 周年，寓意王权如树木一样古老而又富有生命力，英国对境内的古树进行了一次普查。在这次普查中，剑桥郡伊利镇的一棵古树被确认为英国的第一棵二球悬铃木。这棵悬铃木是 1680 年栽下的。

　　19 世纪初，尽管许多欧洲国家都已逐步走上了富裕和强大的道路，但大多城市仍沿袭中世纪的状况。没有自来水、下水道，街道狭窄泥泞，沿街的住户直接把排泄物从窗户倾倒到大街上。19 世纪中期，拿破仑三世在位期间，对巴黎进行了一次规模庞大的城市改建，拆掉大量破烂陈旧的街区，修建了许多宽阔的道路和广场。巴黎著名的香榭丽舍大街，就是那时的产物。在这些大道的两边，栽种着一排排的二球悬铃木。改建后的巴黎，成为当时世界上新型现代城市的典范。行道树、林荫路，由此成为现代城市规划的必备之物。高大美观、生长迅速、树荫浓密的二球悬铃木，也随之成为城市行道树的首选，获得"世界行道树之王"的称号。

　　1887 年—1892 年，思念祖国的法国人在上海法租界引种了二球悬铃木作为行道树，这是中国近代史上首批二球悬铃木。因为这种树干光洁、树叶阔大的树木与中国原产的梧桐树稍有几分相似，故又被人们称为"法国梧桐"。1928 年，为迎接孙中山先生遗体安葬于南京中山陵，南京政府修建了一条从下关码头直到中山陵的大道，栽种了两万多棵悬铃木。此后，"法国梧桐"迅速在中国城市中推广开来。

　　今天，除了数量最多的二球悬铃木，在许多城市的街道、园林中，也可见到一球悬铃木和三球悬铃木。当年，人们误以为二球悬铃木产自法国，称其为"法国梧桐"。一球悬铃木和三球悬铃木在中国普遍种植后，许多植物学、园林学书籍中，又参照其原产地，把一球悬铃木、二球悬铃木、三球悬铃木分别称为美国梧桐、英国梧桐和法国梧桐。这样一来，反而引起了"法国梧桐"到底是二球悬铃木还是三球悬铃木的争论。其实，"法桐""英桐""美桐"，都是不够严格的俗称。若要分辨它们的不同，不妨称它们为一球悬铃木、二球悬铃木、三球悬铃木。如若不然，尽可以囫囵地称为"法国梧桐"，并回想它们在人类生活史中的身影。

栾树

白露

夜 / 露 / 凝 / 白 / 花 / 雨 / 金

白 露

［唐］杜甫

白露团甘子，清晨散马蹄。

圃开连石树，船渡入江溪。

凭几看鱼乐，回鞭急鸟栖。

渐知秋实美，幽径恐多蹊。

9 月初的江城武汉，虽白昼里仍有暑气熏蒸，但夜风渐凉，秋天的脚步，确是到了。

古人说白露三候，初候鸿雁来，二候玄鸟归，三候群鸟养羞。"杀气浸盛，阳气日衰"，一派萧索气象。可地处江南的武汉，秋季却是一年里最美丽的季节。

武汉的秋天，除了娇艳黄菊、烂漫红叶以外，还有两场不可错过的炽烈的花事。

上演初秋第一场花事的，便是街头一排排、一行行的栾树。

栾树（*Koelreuteria paniculata*）属于无患子科栾树属。无患子科植物有 2 000 多种，主要分布于热带、亚热带地区，温带很少。不过，无患子科植物我们并不陌生，荔枝、龙眼、红毛丹，均是无患子科的热带、亚热带水果。无患子科得名于无患子树，这是一种高大的落叶乔木，在武汉街头颇常见。无患子的果实形似小号的龙眼。初结时青绿色，夏末秋初成熟后，变成半透明的蜜黄色，落满树下。无患子的果皮中含有丰富的皂素，是天然的优质植物"香皂"；果皮内的种子浑圆黑亮，《本草纲目》中说："释家取为数珠，故谓之菩提子"，是制作手串、数珠的传统材料。

栾树属在中国的家庭成员比较简单，仅有 3 种。其中台湾栾树仅分布于台湾岛。余下的两种，一种叫作"栾树"，另一种叫作"复羽叶栾树"（*Koelreuteria bipinnata*）。栾树主要分布在华北地区，而长江流域及以南，则是复羽叶栾树的地盘。武汉街头和园林里的，是清一色的复羽叶栾树。

为何叫作"复羽叶栾树"？原来，植物的叶子常分为单叶和复叶。一根叶柄上只生有一张叶片的，叫作单叶。桃花李花、香樟杨柳，都是"单叶"。复叶的叶子，则是由多片小叶组成的。例如常见的羽状复叶，叶柄细长如细枝，叫作叶轴。叶轴两边长有多片小叶，排列如羽毛状，故名"羽状复叶"。羽状复叶一般是左右对称的，叶轴尖端单长一片小叶的话，整片复叶包含的小叶数就是奇数，这种复叶叫作奇数羽状复叶；叶轴顶端不长小叶的话，整片复叶的小叶数就是偶数，叫作偶数羽状复叶。有的羽状复叶的叶轴两边长的不是小叶，而是次一级的小叶轴，在这次一级的小叶轴上，再长小叶。这样一来，是"复"了又"复"，就叫作"二回羽状复叶"。

栾树属中，栾树是奇数羽状复叶（一回）；而复羽叶栾树——"树如其名"，则是二回羽状复叶。

栾树的花金黄色，花瓣4片，开时反折。花不大，只有1厘米左右长短。花虽小，但数量多，聚在一起，形成五六十厘米长的圆锥花序。盛开枝头，颇为美观。栾树的花是边开边落的。树上繁花似锦的时候，树下也常如铺碎金。走在栾树下，一阵风来，栾花朵朵飘落，犹如金雨纷纷。由此，栾树还得了个"golden rain tree"的英语俗名。

栾树不仅可以观花，还可以赏果，它的果实比花更好看。

复羽叶栾树

无患子科 栾树属

大型聚伞圆锥花序，顶生，花金黄色

熟时开裂，
种子5~6颗

蒴果，由3瓣合成
中空的三棱长圆形"铃铛"

无患子科 无患子属

无患子

高大落叶乔木，
偶数羽状复叶
大型圆锥花序顶生，
花绿白色，小

果实分为3个果片，但只
有1个发育，成球形

成熟后果皮橙黄色，半透明
种子黑色，光亮坚硬

栾树的果实有点像热带水果阳桃的样子，不过阳桃五棱，而栾树果三棱；阳桃是多汁的实心浆果，栾树是一层树叶一样的膜，裹出一个小"铃铛"，铃铛里藏着五六颗黑豆一样的种子。成熟后果实会裂开，树叶一样的果瓣像降落伞一样，带着种子随风传播。两种栾树的果都比花大得多，有六七厘米长。栾树的果实一般是嫩绿色的，老熟时变成褐色；而复羽叶栾树的果除浅绿外，还有鹅黄、深红、赭石等多种色彩，挤挤挨挨，一大串一大串挂在枝头，比花更为艳丽显眼，以至于不少人都以为这才是栾树的花。

槐

秋分

庭 / 槐 / 影 / 疏 / 分 / 秋 / 中

晚 晴

[唐] 杜甫

返照斜初彻，浮云薄未归。

江虹明远饮，峡雨落馀飞。

凫雁终高去，熊罴觉自肥。

秋分客尚在，竹露夕微微。

农历七、八、九月，又称孟秋、仲秋、季秋。秋三月自立秋、白露而至秋分，共 45 日，恰是"秋中"。秋分时节，太阳直射赤道。北半球地区日夜等分，也正适合作为一年四季中秋季的"中分点"。不过，我国传统节日中的"中秋节"，与秋分节气，时间并不相同。

这是因为，历法有阴历、阳历、阴阳合历之分。我国的传统历法属于阴阳合历，但其中的二十四节气，却是地地道道的阳历。秋分节气，是太阳视运动至天黄道秋分点的时刻；而中秋节，则是每年仲秋八月的"望日"。一"阳"一"阴"，时间自然不同。

江城武汉，初秋栾花雨金，十月桂香馥郁，都可谓轰轰烈烈。而在栾后桂前，还有一种树木繁花簇簇、果实累累，这就是槐。

说起槐，恐怕不少人首先会想到槐花。初夏时节，高大的槐树开满雪白、香气馥郁的槐花，摘一把直接送进嘴里，鲜嫩香甜。带回家拌上面粉，或蒸或煎，也是饭桌上一道时令美食。不过此槐非彼槐。槐花味美的，是洋槐。洋槐在《中国植物志》中的中文名叫作刺槐。槐如其名，其复叶基部有托叶刺。刺槐原产美国东部，17 世纪传入欧洲、非洲，18 世纪末我国才从欧洲引入青岛栽培。洋槐生长迅速、木材优良，开花时美观而芳香，是极好的蜜源植物。进入中国后广受欢迎，迅速扩散，以至于不少人都几乎忘了它的"新近移民"身份。

有趣的是，许多来自美洲的植物，似乎都有着热情开朗的"性格"，而它们的中国"亲戚"，则大都性格内向，低调内敛。中国原生的槐树，在《中国植物志》中的中文名就叫作"槐"，为与洋槐区分，通常又称为"国槐"。洋槐初夏开花，花色雪白，花量大而芳香。国槐从夏末秋初开始开花，秋分前后，花、果同时挂满枝头。国槐的花比洋槐稍小，浅绿色至白色，也没有什么香气；果实为绿色的柱状荚果，有种子的地方鼓起，种子之间细如蜂腰，整体呈念珠状。在一树绿叶的背景下，着实不大显眼。

槐（*Sophora japonica*）属于豆科、槐属，刺槐则属于豆科、刺槐属。兰科、菊科、豆科，是被子植物中三个最大的科。豆科植物有近两万种，广泛分布于世界各地。豆科植物中，既有合欢、黄檀、铁刀木等高大的乔木，又有苜蓿、紫云英、白车轴草等低矮的草本植物，还有葛、紫藤、常春油麻藤等藤本植物。豆科植物是人类食物中淀粉、蛋白质、油脂和蔬菜的重要来源。大豆、花生、蚕豆、豌豆、赤豆、绿豆、豇豆、四季豆、扁豆等，是重要的豆科作物。决明、甘草、黄芪、苦参、鸡血藤等豆科植物则是重要的传统药材。许多豆科植物的根部有固氮作用的根瘤，是地球氮元素循环中的重要一环。所有豆科植物的果实均为荚果，这是识别豆科植物的主要依据。

相比刺槐，国槐看似平平无奇，但它在历史文化中的"名

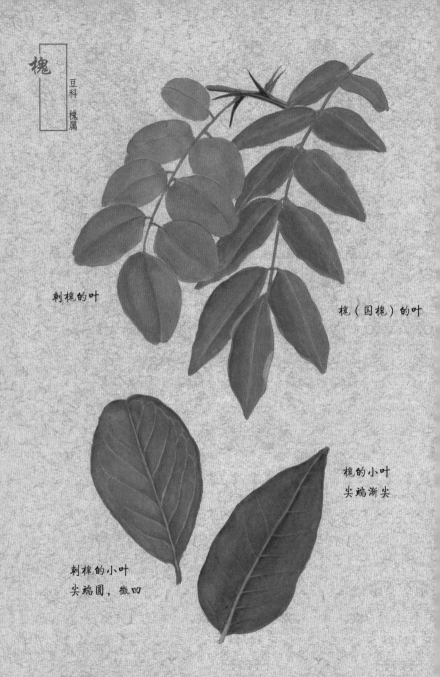

槐

豆科　槐属

刺槐的叶

槐（国槐）的叶

槐的小叶
尖端渐尖

刺槐的小叶
尖端圆，微凹

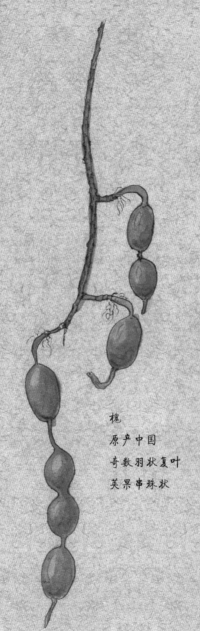

槐

原产中国

奇数羽状复叶

荚果串珠状

10月果

气"却不小。南宋诗人范成大有一首题为"再次韵呈宗伟、温伯"的诗：

> 官居数椽间，局促如瓮牖[1]。
> 幸邻诗酒社，金蒜对玉友[2]。
> 真清廊庙器，伟望配山斗。
> 行当侍紫极，槐棘位三九。
> 馆舍有奇士，高文粲参首。
> 倡酬猥及我，双松压孤柳。
> 生活从冷淡，幸免誉与咎。
> 相从结此夏，何异归陇亩。

《周礼》中记载，周代朝廷之上，"左九棘，孤卿大夫位焉，群士在其后。右九棘，公侯伯子男位焉，群吏在其后。面三槐，三公位焉，州长众庶在其后"。后世即以"三槐"代指三公。宋代诗人刘克庄《甲辰书事二首》中"草茅匹士谋身拙，槐棘诸公议法平"，明汤显祖诗《辛丑大计闻之哑然》中"比似陶家栽五柳，便无槐棘也春风"，均为此意。

槐树不仅有着深远的文化寓意，还是传统的城市行道树。唐代长安城中，街道两旁多栽种槐树。唐王昌龄《杂曲歌辞·少年行二首》中写道："西陵侠年少，送客过长亭。青槐夹两

92

---

[1] 瓮牖（wèng yǒu）：以破瓮口为窗。

[2] 薤（xiè）：一种多年生草本植物，俗称藠头。

路，白马如流星。"今天，在古城西安的街头，还生长着不少岁逾千年的唐槐。

秋宵月下有怀

[唐] 孟浩然

秋空明月悬，光彩露沾湿。
惊鹊栖未定，飞萤卷帘入。
庭槐寒影疏，邻杵夜声急。
佳期旷何许，望望空伫立。

秋分至，凉风起。江城街头，散落的槐树正白花点点，荚果串串。

桂花

寒露

露/寒/釜/暖/桂/飘/香

寒露，"九月节，露气寒冷，将凝结也"。农历九月，已至季秋。此时，在我国南方广大地区，姗姗来迟的秋色，才刚刚露头。

10月初的武汉，馨香满城。这馥郁的香气，正是来自桂花。

西江月 · 木犀

［宋］辛弃疾

全粟如来出世，蕊宫仙子乘风。

清香一袖意无穷，洗尽尘缘千种。

长为西风作主，更居明月光中。

十分秋意与玲珑。拼却今宵无梦。

　　桂花树古时又称"木犀"或"木樨"，是我国传统的园林观赏植物。李清照名句"枕上诗词闲处好，门前风景雨来佳，终日向人多蕴藉，木樨花"，其中"木樨花"即桂花。桂花还是一种深受大众喜爱的食材，朱彝尊诗句："木犀花落捣成泥，霜后新橙配作齑"，说的则是制作桂花酱了。

　　木犀（*Osmanthus fragrans*）是木犀科木犀属常绿乔木或灌木。木犀属约有30种，其中25种分布于我国，这些"木犀"大多与我们常见的桂花颇为相似，有的被称为"山桂花""野桂花"。不过，现在我们所说的"桂花"，均是木犀属的"属长"，中文学名"木犀"的桂花。木犀在我国栽培历史悠久，有许多优秀的园艺品种。这些品种大约可以分为四类，即橙红色花的"丹桂"、金黄色花的"金桂"、近白色花的"银桂"和一年多次开花的"四季桂"。若以香味排序，则金桂花香最浓，其后依次为银桂、丹桂和四季桂。

　　桂花古称"木犀"，然而在古诗文中，"桂"却并不鲜见。嵇康诗有："左配椒桂。右缀兰苕。"曹操《陌上桑》诗云："食

木犀

木犀科　木犀属

花冠4裂

雄蕊2枚，花丝短

可育雌蕊柱头2裂

常绿乔木或灌木

单叶，革质，互生

叶全缘或上半部有细锯齿

聚伞花序簇生于叶脉

花梗细弱

核果

歪斜椭圆形

芝英，饮醴泉，拄杖桂枝佩秋兰。"而屈原对"桂"更是青睐有加："矫菌桂以纫蕙兮，索胡绳之纚纚[1]。""蕙肴蒸兮兰藉，奠桂酒兮椒浆。"《楚辞》中咏及"桂"树的，不下十处。这里的"桂"，是否就是我们今天所见的桂花呢？

在唐宋以前的诗文中，多见"椒桂""桂浆""桂酒""菌桂"等。"椒"是我国传统的香料花椒。东汉王逸注《楚辞》曰："桂酒，切桂置酒中也；椒浆，以椒置浆中也。"《齐民要术》中记有："桂，出合浦。其生必高山之岭，冬夏长青。"《本草图经》中说桂有三种："菌桂生交趾山谷。牡桂生南海山谷。桂生桂阳……三月、四月生花，全类茱萸。九月结实，今人多以装缀花果作筵具。其叶甚香。"罗愿以为"离骚'杂申椒与菌桂''矫菌桂以纫蕙'是也"。原来，这里的"桂"并不是今日所赏的桂花，而是常常出现在西式甜点、中式炖肉中的香料——肉桂。肉桂为常绿乔木，属于樟科樟属，与木犀（桂花）亲缘关系甚远，是武汉最常见的行道树之一——樟树的近亲。

中秋才过不久，赏月时人们常常会想到吴刚伐桂的神话。月中有大桂树的故事，最晚不晚于宋代。既然古时（特别是唐宋之前）"桂"大半是指肉桂，那么传说里吴刚伐之不尽的，又是一棵什么树呢？

---

[1] 胡绳：香草也。　　纚纚（xǐ xǐ）：长而美好的样子。

苍耳

霜 降

草 / 木 / 黄 / 落 / 寒 / 霜 / 降

时至霜降，天气渐冷，冬天不远了。

霜降三候：初候豺乃祭兽，二候草木黄落，三候蛰虫咸俯。

寻鲁城北范居士失道落苍耳中见范置酒摘苍耳作

[唐]李白

雁度秋色远，日静无云时。

客心不自得，浩漫将何之。

忽忆范野人，闲园养幽姿。

茫然起逸兴，但恐行来迟。

城壕失往路，马首迷荒陂。

不惜翠云裘，遂为苍耳欺。

入门且一笑，把臂君为谁？

酒客爱秋蔬，山盘荐霜梨。

他筵不下箸，此席忘朝饥。

酸枣垂北郭，寒瓜蔓东篱。

还倾四五酌，自咏猛虎词。

近作十日欢，远为千载期。

风流自簸荡，谑浪偏相宜。

酣来上马去，却笑高阳池。

　　江南的霜降时节，虽然清晨尚无寒霜，枝头绿意仍浓，银杏叶刚刚镶上金边，枫香、三角槭、乌桕[1]的绿叶丛中也才透出黄意，但果熟叶落的季节其实已经到了，栾树、梧桐已开始落果，枸骨、菝葜[2]的果实已经转为火红，秋意已深。这个时候，推荐大家去看的，不是公园里千姿百态的菊花，而

---

[1] 乌桕（jiù）：落叶乔木，叶子略呈菱形。

[2] 菝葜（bá qiā）：落叶攀缘状灌木，浆果球形，根状茎可入药。

是另一种顽强的菊科"杂草"——苍耳。

说起苍耳，许多人可能并不认识它的植株，但对它的"果实"却并不陌生。苍耳的"果实"上遍生尖刺，能够牢牢地粘附在动物的皮毛或人的衣服上。前面的古诗，说的就是李白出门访友，迷路误入苍耳丛中，粘了一身刺球的事。放大苍耳的果实，会发现看起来遍体的尖刺，其实是一根根弯曲的锐钩。这使得苍耳可在手中把玩而并不伤手。钩挂在衣服上或头发中时，却是勾缠交结，难得摘除。这一特性使得苍耳成为许多人童年时大爱的恶作剧的道具。不过随着与自然的日渐疏离，现在的孩子玩过苍耳的恐怕已经不多了。

苍耳（*Xanthium strumarium*）是菊科苍耳属的一年生草本植物。菊科是被子植物的第一大科，有约1 000属，30 000多种。我国有2 000多种，广泛分布于全国各地、各种生境中。菊科植物与人类关系密切。莴苣、生菜、茼蒿等是常见蔬菜；向日葵是重要的油料作物；传统药材冰片是菊科艾纳香属植物艾纳香的提取物，艾草、紫菀、旋覆花、天名精、白术、苍术、茵陈蒿、牛蒡、红花等均为重要的药用植物；菊、翠菊、大丽菊、金光菊、金鸡菊等，则是广受欢迎的园林观赏植物。我国传统文化中备受推崇的"兰"，亦为菊科植物。

菊科植物的花有"舌状花"和"管状花"两种形态。我们常见的菊科植物的"花"，其实是数十、数百朵花组成的花序，叫作头状花序。其中的"花托"，是一层或多层总苞片组成的

苍耳

菊科 苍耳属

"果"尖端有锥形的喙2枚
遍生钩状刺

叶互生
具三出脉

总苞；每片"花瓣"是一朵舌状花；"花蕊"则是管状花。根据组成头状花序的小花类型，菊科植物又可分为由舌状花和管状花组成花序的舌状花亚科（有些花序中只有舌状花）和花序全由管状花组成的管状花亚科。苍耳即属于管状花亚科。

苍耳属于菊科，这一点粗看有点难以理解——在苍耳的身上，既找不到一点"菊花"的影子，也看不见蒲公英、苦苣菜那样顶着冠毛，随风飘飞的瘦果[3]。苍耳的花序为单性，雌雄同株。雄花序多生于植株顶端，雌花序多生于下部的叶腋。如果你借助放大镜仔细观察，会发现苍耳的雄花序虽然微小，还是看得出菊科标志性头状花序的样子。而雌花序虽然形态有点"模糊"，却能清晰看到菊科植物的另一特征——带刺的总苞。原来，我们眼中苍耳的"果实"，其实是木质化的总苞。剥开这层带刺的外壳，里面两颗黑色的"种子"才是苍耳的瘦果。

《诗经》305篇，前三篇每篇各吟咏了一种我们身边常见的植物。第一篇《关雎》中"参差荇菜，左右采之"，说的是睡菜科水生植物荇菜，在武汉的公园池塘中随处可见。第二篇《葛覃》中"葛之覃兮，施于中谷[4]"，说的是豆科植物野葛，葛根粉今天仍旧是不少人喜爱的食品。第三篇《卷耳》中

霜降::草木黄落寒霜降

103

---

[3] 瘦果：干果的一种，较小，里面只有一粒种子，果皮和种子皮只有一处相连接。
[4] 施（yì）：延及，蔓延。

的"采采卷耳，不盈顷筐"，许多学者认为讲的是苍耳。诗人杜甫写过一首题为"驱竖子摘苍耳"的诗，诗中写道："江上秋已分，林中瘴犹剧。畦丁告劳苦，无以供日夕。蓬莠独不焦，野蔬暗泉石。卷耳况疗风，童儿且时摘。"诗题中称"苍耳"，诗句中称"卷耳"，可见唐朝时一物二名，苍耳、卷耳仍旧混称。而秋日采食，可见此"卷耳"并非今日之球序卷耳。按照现代植物学的成分分析，苍耳全株均含有强毒性物质苍耳苷，食之严重者可致人死亡。明朝时朱橚[5]主编的《救荒本草》中，仍记载有苍耳嫩茎叶焯水后可食，籽去皮研面可为饼。不过《救荒本草》讲的是荒年疗饥救命的办法，其中的"野菜"，有毒的屡见不鲜。

---

[5] 朱橚（sù）：朱元璋第五子。

银杏

立冬

立 / 冬 / 气 / 冷 / 鸭 / 脚 / 黄

　　宋朝著名诗人梅尧臣，字圣俞，是欧阳修的好友。有一次，欧阳修收到梅尧臣寄赠的包裹，内心感慨，写诗曰：

银杏

银杏科 银杏属

叶：长枝上螺旋散生
短枝上簇生

落"果"

雌雄异株
10月—11月果

种子

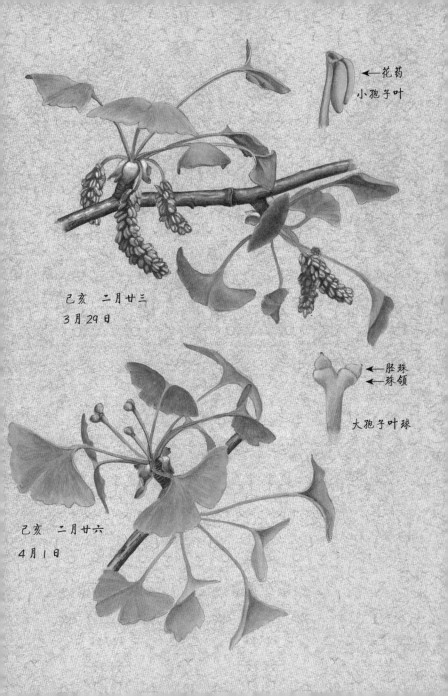

← 花药

小孢子叶

己亥　二月廿三
3月29日

← 胚珠
← 珠领

大孢子叶球

己亥　二月廿六
4月1日

鹅毛赠千里，所重以其人，

鸭脚虽百个，得之诚可珍。

问予得之谁，诗老远且贫，

霜野摘林实，京师寄时新。

封包虽甚微，采掇皆躬亲，

物贱以人贵，人贤弃而沦。

开缄重嗟惜，诗以报殷勤。

梅尧臣读得此诗后，亦赋诗酬答：

去年我何有，鸭脚赠远人。

人将比鹅毛，贵多不贵珍。

虽少未为贵，亦以知我贫。

至交不变旧，佳果幸及新。

穷坑我易满，分饷犹奉亲。

计料失广大，琐屑且沉沦。

何用报珠玉，千里来殷勤。

梅尧臣一生清贫，鸭掌虽然不是什么高贵食材，但梅尧臣又何来这么多只鸭子？况且古时交通不比今日之便捷，百只鸭掌，不论生熟，远寄都恐腐烂。再看这两首诗的标题：欧阳修诗题名"梅圣俞寄银杏"，梅尧臣诗题为"依韵酬永叔示予银杏"。原来此鸭脚非彼鸭掌，是银杏的别称。

最好认的植物，大概就是银杏了。只要看到长着小扇子一样叶片的乔木，必定是它。不仅如此，抛开人工选育的不同品种不谈，银杏不存在近缘种辨别的难题——全世界的银杏（*Ginkgo biloba*）都属于裸子植物门、银杏纲，该纲仅银杏一目、一科、一属、一种。

银杏之所以有这么特别的分类地位，是因为它是一种古老的孑遗树种。仔细观察银杏的叶子，你会发现它的叶脉全部都是二歧分叉的：也就是从叶基部发出的一条叶脉，随着扇形叶子的变宽一分为二，再上升，再二分，就这样一变二、二变四……最终，这些叶脉呈扇形布满整张叶片，但彼此之间互不相交，不会形成被子植物中常见的网状结构。这种二歧分叉的脉序在种子植物中是独一无二的，只有蕨类植物才有类似的结构。这也许是银杏保留下来的一种较原始植物的古老特征。

银杏扇形的叶，在古人看来更像是鸭子的脚掌，而"银杏"之名，是因为它的"果实"卵圆形，成熟后橙黄色似杏，表面覆盖一层白色的粉霜。银杏是雌雄异株的裸子植物，橙黄色肉质的不是它的果实，而是它的外种皮。剥去外种皮，里面是白色坚硬的中果皮，所以银杏又名"白果"。白果敲开，里面是黄绿色的"果仁"，这是银杏的胚乳，自古是种食品，可烤、可炒、可配鱼肉炖汤。白果的滋味甜中带苦，苦味来自其中的氰化物。氰化物有剧毒，而银杏胚乳中的含量有时还不少。

立冬时节，武汉的银杏正是满树黄叶、白果落地的时候，若自行捡食，还须谨慎。

小雪

小 / 雪 / 气 / 寒 / 菘 / 肥 / 酞

冬日田园杂兴十二绝（其七）

［宋］范成大

拨雪挑来踏地菘，味如蜜藕更肥酞。
朱门肉食无风味，只作寻常菜把供。

小雪既来，隆冬将至，华北地区的最低气温已降至零下。

在菜场、超市尚未因温室大棚和快捷的运输手段变得"四季如春"的年代，我国北方广大地区，此时，一场热热闹闹的年末冬藏"大戏"即将上演。它的主角，就是石湖居士赞为"味如蜜藕更肥脓[1]"的"菘"——白菜。

中国北方地区冬季寒冷，万物凋敝，白菜、萝卜或藏于地窖，或垛于墙边，可经久不腐，谓之"冬存菜"。大白菜在夏末播种，宋代著名诗人陆游有诗曰："雨送寒声满背蓬，如今真是荷锄翁。可怜遇事常迟钝，九月区区种晚菘。"（《蔬园杂咏·菘》），可见宋代大白菜已在我国广泛种植。白菜初冬开始包叶结球，叶片由绿转白，变得脆嫩多汁。霜降之后，由于糖类等营养物质的积累，更变得甘甜可口。唐代诗人刘禹锡《送周使君罢渝州归郢州别墅》诗中有："只恐鸣驺催上道[2]，不容待得晚菘尝。"宋代诗人刘子翚说："周郎爱晚菘，对客蒙称赏。今晨喜荐新，小嚼冰霜响。"（《园蔬十咏·菘》）宋代词人朱敦儒更说："自种畦中白菜，腌成瓮里黄齑。肥葱细点，香油慢焰，汤饼如丝。早晚一杯无害，神仙九转休痴。"（《朝中措·先生馋病老难医》）白菜适合炖煮，配以豆腐、猪肉，水泡翻滚、白汽氤氲，食之身心皆暖。

---

[1] 脓（nóng）：酒味厚。

[2] 驺（zōu）：古代给贵族掌管车马的人。

白菜

十字花科·芸薹属

二年生草本
基生叶大
叶柄扁平
茎生叶长卵形至
长披针形
总状花序顶生
雄蕊6枚
4长2短
长角果较短
两侧压扁
喙顶端圆
种子球形

北方冬季白菜称王，武汉则不然。冬季之时令蔬菜，是为菜薹。菜薹主要的食用部分是脆嫩的薹茎，在这些薹茎的顶端，常可见到花和幼嫩的果实。菜薹的花黄色、花瓣4枚，果实为细长的角果，这分明是十字花科植物的特征。北方的大白菜和武汉的红菜薹，又有什么关系呢？

　　蔬菜是我们每天都要吃的食物，而十字花科则是当之无愧的"蔬菜第一家"。仅以常见者论，白菜（*Brassica rapa*）、红菜薹、包菜、甘蓝、花椰菜、西蓝花、雪里蕻、芥蓝、榨菜、大头菜（芜菁）、萝卜、荠菜……全都来自十字花科。这些十字花科植物中，有许多是栽培历史悠久的作物。《诗经·邶风》的《谷风》篇中有："采葑采菲，无以下体。"诗中"葑"为芜菁，"菲"为萝卜，均是十字花科的成员。而北方的大白菜，武汉的红菜薹、白菜薹，以及广东菜心、上海青、小白菜、青菜等，又都是长相颇似萝卜的"大头菜"——芜菁的"后代"。

　　不管怎么说，冬天的餐桌，都是"白菜"的天下。

枇杷

大雪

大 / 雪 / 冷 / 雨 / 卢 / 橘 / 香

北宋绍圣元年（1094 年），58 岁的苏轼再次被贬，远赴惠州。此时，经过青年时的名动京华，中年时的乌台诗案，历经沉浮的东坡居士已近乎荣辱不惊，自觉"北归无望"，索性寄情山水，遍寻美食。也正是在此期间，苏轼写下了下面这首传世佳作。

惠州一绝·食荔枝

[宋]苏轼

罗浮山下四时春，卢橘杨梅次第新。

日啖荔枝三百颗，不辞长作岭南人。

诗中岭南风物，荔枝脍炙人口，杨梅也几乎无人不知，而"卢橘"为何物？却有一段"公案"。

苏轼在惠州，除荔枝外，大约也颇爱"卢橘"。在他同样作于惠州的另一首诗《赠惠山僧惠表》中写道："欹枕落花余几片，闭门新竹自千竿。客来茶罢空无有，卢橘杨梅尚带酸。"关于这首诗，宋代著名诗僧惠洪所著《冷斋夜话》中有这样一段记载：

东坡诗曰："客来茶罢空无有，卢橘杨梅[1]尚带酸。"张嘉甫曰："卢橘何种果类？"答曰："枇杷是矣。"又问："何以验之？"答曰："事见相如赋。"嘉甫曰："卢橘夏熟，黄甘橙榛，枇杷橪柿[2]，亭奈厚朴。卢橘果枇杷，则赋不应四句重用。应劭注曰：'《伊尹书》曰：箕山之东，青鸟之所，有卢橘，常夏熟。'不据依之，何也？"东坡笑曰："意不欲耳。"

这是说，苏轼自己解释：卢橘即枇杷。而友人张嘉甫质

---

[1] 杨梅：一作"微黄"。

[2] 橪（rǎn）：酸小枣。

枇杷

蔷薇科 枇杷属

常绿小乔木

单叶互生，革质

上部边缘疏锯齿，基部全缘

小枝粗壮，黄褐色，密生锈色茸毛

圆锥花序顶生，花多数

总花梗、花梗、萼筒、萼片均密生锈色茸毛

梨果

初生有毛

成熟脱落

花瓣 5 枚
雄蕊 20 枚
花柱 5 枚，离生

疑，若卢橘果为枇杷，《上林赋》中就不该将"卢橘""枇杷"并列，可见二者应为异物。况且《伊尹书》中有关于"卢橘"的描述，您为何不采用这种说法呢？对此，苏轼的回答堪称随性："因为我不想啊！"

一句"意不欲"洒脱随性，却没能叫后人信服。李时珍在《本草纲目》中说："此橘生时青卢色，黄熟则如金，故有金橘、卢橘之名……以枇杷为卢橘，误矣。"这是说，卢橘即为金橘。清吴其濬《植物名实图考》中亦云："金橘……冬时色黄，经春复青。或即以为卢橘也。"

枇杷（*Eriobotrya japonica*）是蔷薇科枇杷属的常绿小乔木。蔷薇科有3 000多种，主要分布于北温带地区，我国有1 000多种。蔷薇科多花、果。桃、梅、樱、李，梨、杏、海棠，苹果、山楂，月季、玫瑰、木香、蔷薇，蛇莓、草莓等，都属于蔷薇科。蔷薇科植物根据果实特征，可以分为绣线菊亚科、苹果亚科、李亚科和蔷薇亚科四个亚科。枇杷属于其中的苹果亚科。苹果亚科的植物果实为梨果。梨果是由子房和花托共同发育而成的。苹果、梨子、枇杷、山楂都是梨果。我们通常所吃的"果肉"是花托和外果皮、中果皮，丢掉的"核"则是内果皮和种子。

枇杷和金橘（柑橘）都是常绿乔木，但枇杷冬季开花，次年仲春果实开始成熟；而柑橘则是初夏开花，秋冬果熟。再看唐宋诗词，如唐戴叔伦《湘南即事》："卢橘花开枫叶衰，出门何处望京师。"刘禹锡《晚岁登武陵城顾望水陆怅然有作》："清风稍改叶，卢橘始含葩。"宋范成大《三月十六日石湖书事三首》："卢橘梅子黄，樱桃桑椹紫。"舒邦佐《初夏二首》："卢橘金珠似，杨梅火齐如。"这些诗中的卢橘冬华春实，看来均是枇杷。

　　大雪节气的武汉，尽管绿意仍浓，但芙蓉落尽，蜡梅未开，相比春夏季节的百花盛放，不免有几分萧瑟。此时，街头巷尾、公园小区的枇杷树上，朵朵白花悄然绽放。虽藏身于绿叶丛中不甚显眼，但细雪冷雨中，暗香徐来，正是江南仲冬间独有的美景。

萝藦

冬 至

苪 / 兰 / 远 / 飏 / 至 / 日 / 风

二分二至，是二十四节气中的重要节点。春分、秋分时昼夜均分；夏至时北半球白昼最长、黑夜最短，冬至时则白昼最短、黑夜最长。冬至日后，虽然我国大部分地区的气温将会进一步下降，进入一年中的"数九寒天"，但日照时间却开始逐日增长，正所谓"阴极之至，阳气始生"。

身边的二十四节气

120

夏尽秋分日，春生冬至时。这句话用在武汉分外合适——冬至前后，江城梅花含苞、蜡梅始放，繁缕、早熟禾、野豌豆等早发的"春草"已如片片绿绒，等不及的黄鹌菜、婆婆纳、鼠麴草甚至已经三三两两，开始开花。不过，看香花春草，为时尚早。冬风凛冽里，推荐你去寻觅的，是一种此时已经枝叶枯萎的植物——芄兰。

芄 兰

芄兰之支，童子佩觿[1]。

虽则佩觿，能不我知[2]？

容兮遂兮，垂带悸兮。

芄兰之叶，童子佩韘[3]。

虽则佩韘，能不我甲？

容兮遂兮，垂带悸兮。

这首诗出自《诗经·卫风》，其《小序》以为"刺惠公也"，是说"惠公以幼童即位，自谓有才能而骄慢于大臣。但习威仪，不知为政以礼。"近代人多认为这首诗是一位女子被嫁给未成年的丈夫，抒写心中愤懑不平的作品。古人服饰，从冠至履，皆以带结固定。打结容易，解结有时却难，所以古人

---

[1] 觿（xī）：古代解结的用具。

[2] 能（ér）：乃，而。

[3] 韘（shè）：扳指。射箭用具，戴在右手大拇指上用来钩弦。

萝藦

夹竹桃科，萝藦属

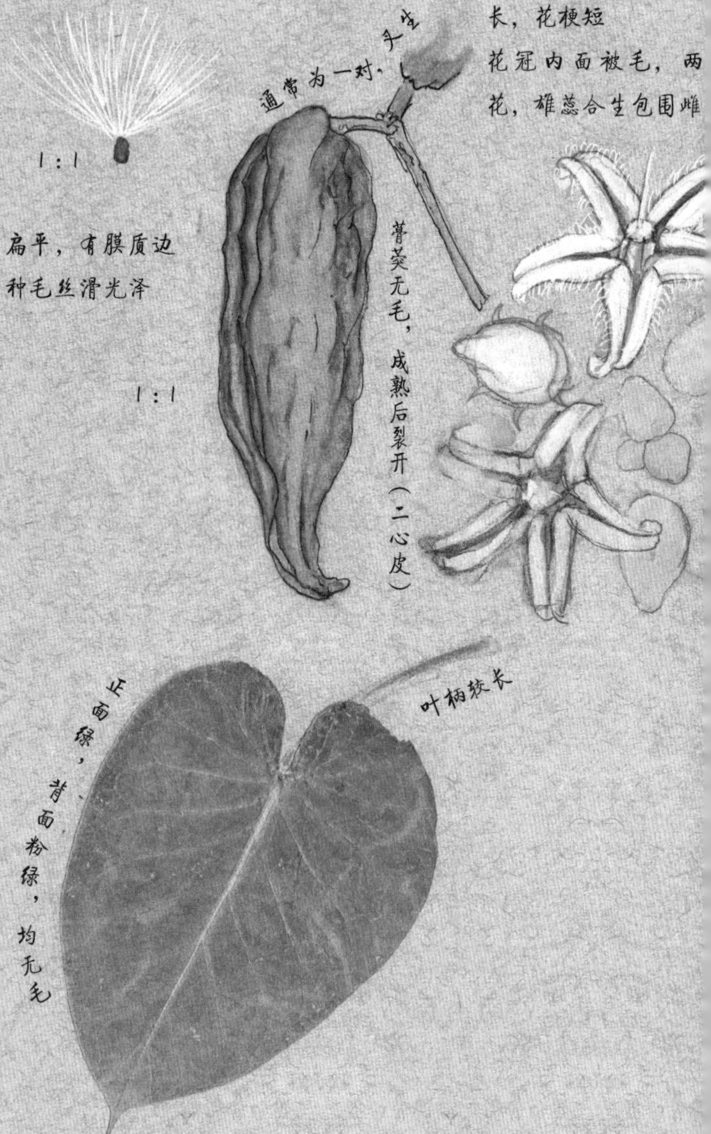

1:1

种子扁平，有膜质边
缘，种毛丝滑光泽

1:1

通常为一对，丛生

蓇葖无毛，成熟后裂开（二心皮）

总状聚伞花序，总花
长，花梗短
花冠内面被毛，两
花，雄蕊合生包围雌

叶柄较长

绿，面上
背面粉绿，均无毛

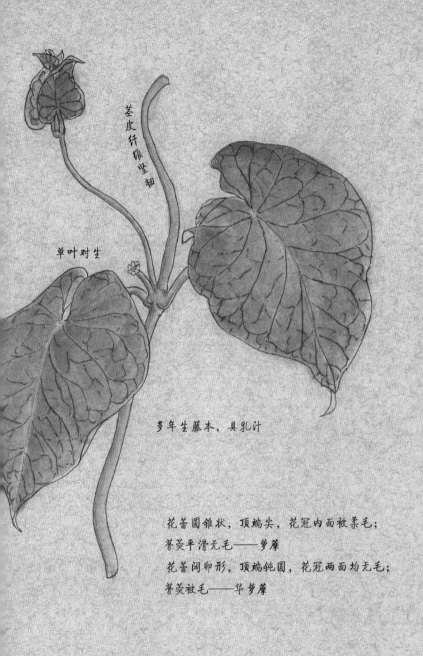

茎皮纤维坚韧

单叶对生

多年生藤本，具乳汁

花蕾圆锥状，顶端尖，花冠内面被柔毛；
蓇葖平滑无毛——萝藦

花蕾阔卵形，顶端钝圆，花冠两面均无毛；
蓇葖被毛——华萝藦

随身佩带一种专门用来解结的小工具——觿。这是一种用兽骨、象牙或金属、玉石制成的稍稍弯曲的角锥，使用时把锥尖插入推顶，就可以方便地解开各种带结了。制作精美的觿既是实用的工具，又是古代贵族成年人的配饰。故而不论是惠公即位还是未成年人娶妻，"童子佩觿"，都是在装模作样。而诗中以"芄兰"起兴，则是因为这种植物的蓇葖果形状恰似一把觿。

芄兰今名萝藦（*Metaplexis japonica*），是一种夹竹桃科萝藦属的藤本植物。夹竹桃科是个"大家族"，有400多属，约4 500种。它们大多数原产于热带、亚热带丛林，我国的夹竹桃科植物也主要分布于东南、西南地区。因同名歌曲而出名的"夜来香"，即是原产于我国华南地区的夹竹桃科植物。而萝藦，则是夹竹桃科中为数不多的广泛分布于我国南北各地的一种。

萝藦这个名字，也许你还是第一次听到。但在我们的身边，这种植物其实并不少见。萝藦春季萌发，叶片对生，心形，碧绿油润，叶脉绿色稍浅，形成规则美观的纹路。盛夏，萝藦开花，一簇簇白里带紫的小花着生在叶腋，花冠5裂，密生绒毛，像一只只小小的海星；秋冬，萝藦结出角锥状的绿色蓇葖果，通常两两对生，形如一对牛角。秋去冬来，这对"牛角"由碧绿变为深黄，质地也从柔嫩变为干硬。冬至前后，萝藦的蓇葖果开裂，一粒粒像芝麻一样的种子，顶着一簇簇白亮的冠毛从果壳中涌出，乘风去向他乡。

数千年往矣，巷陌炊烟、田畴落日，早换成喧闹的高楼大厦、拥挤的车水马龙。而芄兰卷耳、茹藘[4]茉苢，这些跨越千年的草木，仍自由自在，顽强生长在城市的角落。至日昼短，严冬方始。此时，乘着寒风，与萝藦的种子一起远行的，是一个个新的开始。

---

[4] 茹藘（rú lǘ）：即茜草。

蜡梅

小 寒

小 / 寒 / 风 / 输 / 暗 / 香 / 来

　　冬至节气之后，开始"数九"。俗谚云："一九二九不出手，三九四九冰上走。"小寒节气正值二九将尽，三九欲来之际，江城武汉大雪初霁，日高风冷，蜡梅盛开。

从巨济乞蜡梅

[宋] 范成大

寂寥人在晓鸡窗，苦忆花前续断肠。

全树折来应不惜，君家真色自生香。

说起蜡梅，总会有人疑惑：到底应该是"蜡梅"还是"腊梅"？也难免有人认为，蜡梅"凌寒开放"，是梅花的一种。

宋代著名诗人范成大极喜梅花，著有《范村梅谱》记录梅花品种，书中亦写到蜡梅："本非梅类，以其与梅同时，香又相近，色酷似蜜脾，故名蜡梅。"蜡梅以色如蜜蜡、香似梅花而得名。梅花素来为文人墨客喜爱，相比之下，蜡梅在宋代之前，很可能连"名字"都没有。

宋代诗人王安国，虽然不及其兄王安石因变法而知名，但文才不在其兄之下。王安国写有一首题为《黄梅花》的诗，诗中写道："庾岭开时媚雪霜，梁园春色占中央。未容莺过毛先类，已觉蜂归蜡有香。"清《御定广群芳谱》中说："蜡梅一名黄梅花。黄庭坚诗序云香气似梅，类女工撚蜡所成，京洛人因谓蜡梅。王世懋《学圃杂疏》云，考蜡梅原名黄梅，故王安国熙宁间尚咏黄梅，至元祐间苏黄命为蜡梅。人言腊时开故名腊梅，非也。"

"苏黄"，指宋代文豪苏轼和他的学生黄庭坚。尽管"蜡梅"一名不见得确为苏轼所创，但在"苏黄"之前，诗文中确实难见蜡梅之名。究其原因，范成大在《范村梅谱》中写道："蜡

蜡梅

蜡梅科 蜡梅属

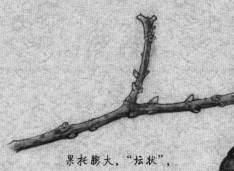

果托膨大，"坛状"，
内生聚合瘦果

干枯果托
似蚕蛾

5月24日
蜡梅坛状的"果"

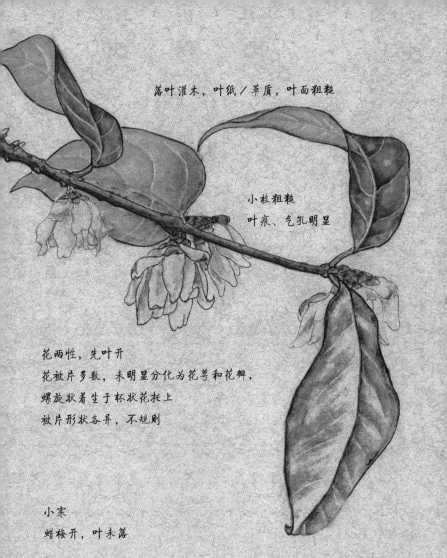

落叶灌木，叶纸／革质，叶面粗糙

小枝粗糙
叶痕、气孔明显

花两性，先叶开
花被片多数，未明显分化为花萼和花瓣，
螺旋状着生于杯状花托上
被片形状各异，不规则

小寒
蜡梅开，叶未落

蜡梅属3种，中国特产，直立灌木，
叶对生，羽状脉、有叶柄
花腋生，芳香、花被片 15～25 枚

梅香极清芳，殆过梅香，初不以形状贵也，故难题咏。山谷、简斋[1]但作五言小诗而已。"

戏咏蜡梅二首（其一）

［宋］黄庭坚

金蓓锁春寒，恼人香未展。

虽无桃李颜，风味极不浅。

蜡梅四绝句

［宋］陈与义

花房小如许，铜剪黄金涂。

中有万斛香，与君细细输。

我们知道，梅（*Armeniaca mume*）属于蔷薇科、杏属。蜡梅（*Chimonanthus praecox*）虽然名字里也有一个"梅"字，但它属于蜡梅科、蜡梅属，与梅的亲缘关系十分疏远。梅花是典型的蔷薇科花，花瓣和萼片均为 5 枚；而蜡梅还未分化出萼片和花瓣，只有"花被片"，其总数亦不固定，通常有大小不一的数十枚。蜡梅科是一个仅有 2 属 7 种，分布于东亚和北美的"小众"家庭。这种近源物种分布于不相连续的不同地区的现象，又称为"间断分布"。类似的情况，还出现在我国的珍稀孑遗植物鹅掌楸身上。

---

[1] 山谷、简斋：即黄庭坚、陈与义，皆宋诗人。黄庭坚号山谷道人，陈与义号简斋。

鹅掌楸属于木兰科、鹅掌楸属，该属仅有两个物种：原产我国的鹅掌楸和分布于北美的北美鹅掌楸。地质学家普遍认为，在古生代时，地球上的大陆还是一个整体，称为"联合古陆"。到了5 500万年前的始新世，美洲大陆才和欧亚大陆分离，但其间还有许多岛屿、陆桥相连。曾经在联合古陆上连续分布的植物，随着大陆漂移而分开。其中一些类群在随后的海陆巨变中逐渐被新兴的物种替代，只留下寥寥无几的后裔，散落在不同的地区。

　　尽管蜡梅"颜值"不及梅花，但它沁人心脾的香气，却自有一种穿越亿万年的坚韧与幽远。

梅

大寒

梅/影/如/烟/送/大/寒

大寒节气，不能不说说梅花。

梅花在一般的文化语境里，总是凌霜傲雪的高洁形象。不过，这其实是一个误解。

梅　花

［宋］王安石

墙角数枝梅，凌寒独自开。

遥知不是雪，为有暗香来。

　　野生梅花在中国的分布中心位于西南山地，尤其是云南大理、洱源一带。大理产的梅子酒至今尚以"野生梅子"为宣传重点。西南山地以外，野梅在中国分布的次中心则是长江以南的中下游地区，也就是鄂南、赣北、皖南到浙西一线，栽培的观赏梅花很可能是从这里起源的。梅花其实是一种不太耐寒的地道南方植物。在冬季气温低于 −15 ℃的北方地区，梅是不能成活的。而梅花的开放也受温度影响，在平均气温达到 6~7 ℃时，才能盛放。王安石的这首《梅花》写在他新政被废、二次罢相、隐居钟山的时候，所写的也是地道的南方景象。

　　梅在中国传统文化里，向来都有重要的地位。《诗经》十五国风中的《周南》《召南》，其诗篇主要来自中原地区以南的长江、汉水流域。《召南》中的《摽有梅》即是一首咏梅诗。

摽有梅[1]，其实七兮[2]。

求我庶士[3]，迨其吉兮[4]。

摽有梅，其实三兮。

求我庶士，迨其今兮。

摽有梅，顷筐塈之[5]。

求我庶士，迨其谓之[6]。

这首诗是一位姑娘在说：梅子落，时光匆匆过，爱我的小伙子们啊，快来求婚，莫叫红颜蹉跎！

梅在古人生活中的意义，起初是食用，而非观赏。《尚书·说命下》中记载，商王武丁曾对傅说说："若作和羹，尔惟盐梅。"意思是说，傅说对于国家，就如做羹汤时的盐和梅子一样不可缺少。在醋发明以前，梅子常用来做酸味的调味品。

梅在长期的利用、栽培过程中逐渐被驯化，各种人工培育的品种逐渐出现，专用于观赏的梅花品种也越来越丰富。直

---

[1] 摽（biào）：《毛传》："摽，落也。"　　有：词头。

[2] 实：指梅的果实。　　七：七成。

[3] 庶：众。　　士：未婚男子。

[4] 迨（dài）：及，趁。　　吉：好日子。

[5] 顷筐：畚箕。　　塈（jì）：取。

[6] 谓：会的借字（马瑞辰《通释》）。当时有在仲春之月会男女的规定。

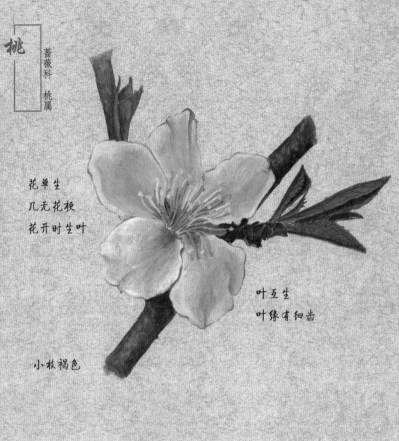

桃
蔷薇科 桃属

花单生
几无花梗
花开时生叶

叶互生
叶缘有细齿

小枝褐色

小枝绿色

花浓香
花落后生叶

梅
蔷薇科 杏属

到南北朝时，赏梅之风盛行，梅才"始以花闻天下"（宋杨万里《和梅诗序》）。今天的梅花，有白色重瓣的玉蝶梅、粉色的宫粉梅、深红色的朱砂梅等众多品种。野生梅花白色五瓣，现在的观赏梅品种中，以"江梅"最接近野生的梅花。

山园小梅

[宋] 林逋

众芳摇落独暄妍，占尽风情向小园。

疏影横斜水清浅，暗香浮动月黄昏。

霜禽欲下先偷眼，粉蝶如知合断魂。

幸有微吟可相狎，不须檀板共金尊。

相比所谓的"凌霜傲雪"，林和靖之"疏影横斜水清浅，暗香浮动月黄昏"更切合江南梅花的韵味。武昌白鹭街两侧遍植梅树，大寒节气前后，枝头含苞如豆，远看轻红如烟。梅花之后，江城杏花、樱花、桃花、海棠次第开放，又一个繁花似锦的春天，就要登场。